LIVE STREAMING INTO CASH

直播變現

零藏私揭密直播
獲利的獨家心法

作者序

· · · · · · · · · · · · · · · ·

嗨,大家好!我是小梁,梁赫群的梁。我快速介紹一下我自己!我從 14 歲就開始出來工作了,服務生、工地、倉管、光電、擺攤、餐管、人管、業務、直銷、牙技學徒、講師、網拍、主持人、經理、開公司等等……,做了快 40 份工作!在某些朋友看來、這是一個不務正業的傢伙,在我眼裡看來、這是很快樂的人生體驗!我不喜歡固定在一個地方工作之類的,有著類似日本職人精神做一輩子,對我來說,人生就是一個遊樂場,我為什麼要只玩一個選項呢?

在這些工作裡面,影響我最大的就是菜市場了!做市場前,其實我還蠻斯文木訥,而且不懂得如何很好表達自己想法!所以做業務時非常吃虧,在朋友圈裡永遠就是那個接不上話的邊緣魯蛇。做市場時,我學會了最傳統的行銷流程——說故事!沒想到靠這招讓我的人生走到了一個小巔峰,也改善了自己的生活,但是好景不常,畢竟現在是個 5G 時代,有網路,人們就會不常走馬路,而就在我苦思著該怎麼走下一步時……,叮叮!我的臉書看到了一位年輕人在裡面直播,那位直播主說話非常有趣有哏,直播畫面五光十色,我才開始發現原來還有直播這條路。

其實當下就只是一個想搞懂臉書直播的念頭開始,我開始不斷關注並且試著拆解與模仿,最後我遇到了達陣國際培訓學苑並且上課,才開始了解了所謂網路行銷,也接觸到黑白賣客直播社團,裡面也有非常多直播主可以學習,同時也是個不錯的買賣直播社團平台。

我統整這些年來學到的東西並且分享給其他朋友知道,說起來,小梁打從心裡沒想過有天會出書,也沒想過會出來教學!總之,非常謝謝您願意翻開這本書!這是一本針對臉書直播去解析的工具書,裡面會提到如何去「正確」創立一個臉書帳號及建立形象、直播的前置作業、軟硬體、人員分配、節目設計、直播中的互動作法,以及直播後還可以做哪些事情等。

另外，如果您想要做一個畫面豐富的電腦直播，這本書裡面也會分享唷！但是小梁也在這裡呼籲一下，請不要全然相信它！原因一，這是我的角度經驗分享，不代表全部方法；原因二，臉書未來演算法還是會改變或是消費者口味轉變。總而言之，小梁只是想跟您說，想做就做、別做觀眾，先預祝這本書對您會有很多幫助！祝您爆單、生意興隆！

小梁陪你玩直播 講師

現任

+ 藝賣行銷工作室執行長

經歷

+ 達陣國際培訓學院 3 小學會低成本、快速成交直播爆單技巧課程講師
+ 小梁陪你玩直播基礎直播教學課程講師
+ 小梁陪你玩直播進階規劃教學課程講師
+ 小梁陪你玩直播電腦 OBS 直播教學課程講師
+ 黑白賣客直播社團元祖講師
+ 凱撒飯店員工內訓 8 小時用直播反轉人生講師
+ 多家中小企業員工直播內訓講師
+ 廠商直播開倉拍賣媒合規劃
+ 廠商商品銷售內訓講師
+ 生活百貨紡織用品零售批發
+ 達陣國際培訓學院金牌主持人
+ 科學教練主持人兼課程講師

推薦序

· · · · · · · · · · · · · · · ·

人生沒有彩排，每一刻都是現場直播

　　你還沒有開始直播嗎？有句話說：人生沒有彩排，每一刻都是現場直播。是的，這一本直播工具書就是為了幫助你，能夠在直播中獲得滿滿的技巧與方法而著作的。

　　認識作者小梁，是在我的非試不可的行銷術課程上，他的認真與超強執行力，都讓我對他印象極為深刻。記得在課程的直播競賽中，他一個人獨當一面，在鏡頭前神采奕奕，當時就能夠看見他在直播這個領域的天賦。

　　直播需要三力：一、氣氛掌控力；二、熱情影響力；三、呼籲行動力，這三力學會了，就無所不能，在直播上能突然猛進。

　　現在，小梁出書了，各位想學直播的你，翻起了這本書就一定不會「空手而回」。掌握直播眉角、叫賣出好績效，就看這一本。

　　古代學會一項技能要三年六個月，現在小梁教你一本書就學會，祝福你有個美好的學習體驗。對了，別忘記要「向上向善」喔！

達陣教育集團創辦人

「如果遇到仍是菜鳥的自己，會想教他什麼樣的直播技術呢？」

看著小梁老師從初進直播教學開始，一步一步透過學習，翻轉他自己的生命，甚至是所有來到他生命中每一個人的生命，這句話是我從跟他的對談中常常聽到的，我看見的是他時常不斷的提醒著自己創業的初心，凡是能不忘初衷的人也是更值得多人跟隨的導師。

在與小梁老師共同主講的幾次企業內部訓練課程中，深刻的感受到不論是在直播專業知識方面，還是現場氣氛掌控，他都能快速地收服底下觀眾的心，我想這就是人家說的舞台魅力吧！在他身上迷人親和的風采真的是展露無遺，有他在的地方絕對不會冷場。

據說他要出一本能讓素人的你可以快速上手的強大直播帶貨課程，夠快，夠直接，夠清楚，能夠兼容不同你想賣的直播風格是他想帶給大家的。讓更多讀者能夠找到一種讓未來的自己長久待在直播市場取得成績的方法。在網路的世界賺錢的方式有百百種，有系統的直播教學寶典市場上幾乎沒有。

換言之，利用直播技巧就是最方便又快速的捷徑，就如同人言到「會買的是徒弟，會賣的是師傅」，這本直播秘笈寶典滿滿乾貨，讓你更接近師傅境界的重點提示捷徑。

不管你訂閱哪個 youtuber，Follow 哪個名師的 Line 群，追哪個高手的直播，不論你身處在東南西北哪個世界的角落，都適合用這本書來完整強化你的直播技巧跟心法。

今威廣告行銷有限公司總監

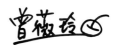

FOREWORD

推薦序

．．．．．．．．．．．．

　　跟小梁老師認識是在行銷的分享會上，第一次見到他的時候，被他誠懇的眼神給感動到，當時他跟台上的講師說，請問要如何當一位講師？打破砂鍋問到底的精神，我至今印象深刻。

　　而後因為有了聯繫，我經營的「科學教練」課程，常常邀請小梁老師來當我們的科學教練，對當時的小梁老師是一個挑戰，挑戰的不是上台講課這件事情，而是需要教授屬於他非本科系的課程，但小梁老師打破以往我的教學內容，居然「竄改」我的教學投影內容！當然小梁老師有知會我，但從這小動作就會知道，小梁老師對於任何事情都會很用心的負責任。

　　對於小梁老師的認識，除了課程上非常幽默的帶動氣氛，還讓台下的家長和小朋友哈哈大笑，另外也知道他在菜市場上屬於「武市」的賣法，從他口中聽到與客人的互動，總是讓我覺得，天啊！根本就是個直播人才，若能從他身上學習到一兩分技巧，我想在賣東西的技巧上，就一定會再進步。

　　「直播」其實早在電視購物的時候就已經出現了，但電視對於一般人來說，其實很難介入，而印象中在 2017 年 Facebook 直播如雨後春筍的出現，Facebook 直播是讓素人可以一展長才的機會，甚至很多人靠了直播翻身，小梁老師在第一時間切入了 Facebook 直播市場，並深入了解所有直播的設備和技巧，降低廣告費，這套書推薦剛入行的新手，而老手也能避免一些錯誤的方法。

新智企業有限公司（科學教練）總監

林永柏

CONTENTS 目錄

CHAPTER.

01 如何成為直播主？建立個人品牌形象
HOW TO BECOME A LIVE STREAMING BROADCASTER? BUILD A PERSONAL BRAND IMAGE

CHAPTER.

02

Action！開播啦！打造成功直播節目
ACTION! IT'S BROADCAST! CREATE A SUCCESSFUL LIVE STREAMING

CHAPTER.

03

跨媒體行銷策略，
運用社群力量，Hold 住直播人氣

CROSS-MEDIA MARKETING STRATEGY, USING THE POWER OF THE COMMUNITY,
HOLD LIVE BROADCAST POPULARITY

CHAPTER.

04 直播後，必須做的事

WHAT MUST BE DONE AFTER THE LIVE BROADCAST

CHAPTER.

05 進階運用，電腦串流直播運用
ADVANCED USAGE, COMPUTER STREAMING APPLICATION

進階運用，電腦串流直播運用

什麼是直播？

What is Live Streaming?

　　利用網際網路公開播出即時影像，讓觀眾能夠同步觀賞，甚至參與互動的行為，就可以稱為「網路直播」、「串流直播」，或簡稱「直播」。而在直播中負責主持或演出的人，就是所謂的「直播主」或「實況主」。

淺談直播趨勢與魅力

直播技術發展成熟，且大眾渴望透過即時互動獲得娛樂。

直播主的心態準備

靠敢表演吸睛，並能不被負評擊倒。

什麼
是直播？

直播的用途

透過互動增加觸及率並圈粉，再透過拍賣、業配等方式變現。

直播的獲利模式

包含拍賣商品、廣告業配，以及粉絲的贊助。

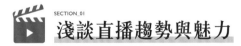

SECTION_01

淺談直播趨勢與魅力

　　網路直播產業約興起於 2014 年，並在 2016 年迅速蓬勃發展，使得 2016年被譽為「直播元年」，連全球使用人數最多的社群平台 Facebook，也在同一年向所有使用者，全面開放直播的功能。

直播的趨勢

行動裝置、網路普及化，以及能夠增加個人收入來源。

直播的魅力

能夠即時互動、素人感覺更貼近真實，以及直播內容大多輕鬆有趣。

淺談直播趨勢與魅力

01 02

 直播的趨勢

◆ **行動裝置及行動網路普及化**

網路直播能夠形成風靡全世界的熱潮，首先須歸功於行動裝置及行動網路的普及化。

行動裝置及行動網路普及化使得直播主及觀眾，都可以隨時隨地開始直播或觀看直播，並使人們可以完全擺脫以往，只能用 PC（個人電腦）進行或參與直播的場域限制。而這種以智慧型手機、平板電腦等行動裝置，為主要直播工具的網路直播類型，又被稱為「行動直播」。

◆ **能夠擴增個人收入來源**

在物價不斷飛漲，工作薪水卻停滯不漲的時代，大多數的職場人士，都想增加自己的個人收入來源。

但當直播成為一個能夠變現的管道時，就有越來越多人加入成為直播主的行列。因為和兼職打工相比，靠直播賺錢有更大的彈性及自由。以下將詳細介紹，選擇用直播增加收入的各項優勢。

◇ 進入門檻低

　　想要靠直播拍賣賺錢，只要申請一個 Facebook 帳號，擁有一支能上網的手機，然後勇敢按下直播鍵，就能開始直播賺錢，不像一般的兼職打工，可能會遇到雇主對年齡、學歷、特定技能的要求等限制，而錯失工作賺錢的機會。

◇ 工時較彈性

　　只要有行動裝置及行動網路，直播主隨時都可以開直播。

　　一般的兼職打工，都有固定的上、下班時間，不論是工作時段或時長，都是固定不變的。但若身為直播主，想要什麼時候開直播都可以；想要每場直播開多久，除了直播平台本身的時長限制外，直播主都可以自行控制，目前以電腦直播時長上限為 8 小時，而行動裝置直播為 4 小時。

Facebook 的單場直播時長上限	
用電腦直播	8 小時。
用行動裝置直播	4 小時。

◇ 工作地點不受限

　　只要有行動裝置及行動網路，直播主在任何地點都可以開直播。

　　一般的兼職打工都有固定的工作地點，因此上班族在考慮兼職的工作時，須考量不同份工作間的通勤成本，包括來回交通須耗費的時間及金錢等。但如果選擇成為直播主，就能選擇自己方便的地點進行直播。

可不必先花錢進貨

直播主可以利用自己的直播能力，選擇和上游廠商合作直播，並和對方協商如何從賣出商品的收益中分配抽成。

這種營利模式，可使直播主不必事先自己墊錢進貨，從而免除了倉儲的成本，以及商品銷售狀況不佳所可能導致的資金周轉不靈風險等。

不只賺錢，還能圈粉賺名氣

成為直播主，不僅能有機會賺到業外收入，還能在直播賺錢的同時，收穫一批喜愛自己的粉絲、累積自己的名氣。

當直播主的累積起高人氣的名聲，以及良好的口碑後，直播主就能再利用自己的名氣，創造其他的變現機會。例如：依靠人氣為商品廣告代言，甚至建立自己的品牌、產品；或依靠直播主的口才及台風，獲得線下活動主持人的工作機會；或單純吸引到更多上游製造廠商，願意找自己合作賣貨等。

客源更廣泛，成交更快速

以網路直播銷售商品或服務，和開設實體店面銷售相比，能夠接觸到更多不同地區的潛在消費者，使得下單成交的數量增加。

另外，觀眾如果想要在直播中購買商品，只須在留言區輸入「＋1」，就能成功下單，使賣家及買家成交的更快速、更便利。

只要合法，直播什麼都能賣

只要是能合法在網路上販賣的商品，都可以利用直播的方式推廣及銷售，對於想以直播主身分創造業外收入的人而言，是個自由又充滿機會的賺錢管道。關於不能在直播上販賣的物品的詳細說明，請參考 P.92。

直播的魅力

◆ **能與直播主即時互動，快速打破隔閡感**

　　網路直播受到大眾普遍喜愛的原因之一，是直播能夠提供觀眾與直播主即時互動的樂趣。

　　觀眾參與直播過程的互動，比和他人用文字或圖片互傳訊息，更能產生與人面對面交流的真實感，且網路直播也比預錄影片的內容，更能帶給觀眾臨場感，又能滿足觀眾想要與直播主即時互動的需求。

　　而當觀眾能感受到直播主會熱切回覆自己的留言，或對自己的按讚、分享等互動行為有所反應時，就能迅速打破螢幕兩端使用者的遠距隔閡感，讓觀眾感到直播主彷彿就在陪伴在自己身邊。

◆ **素人直播分享，比偶像明星更有真實感**

　　和在電視、電影上才會出現的偶像明星相比，網路直播主能給觀眾更貼近現實的感受，因此由網路直播主所分享的內容或推薦的商品，就比較容易獲得觀眾的信任及好感。

◆ **輕鬆的娛樂內容，能排解無聊及孤單**

　　當人們無事在家，不停瀏覽朋友在 Facebook 上的打卡貼文時，反而更容易感到孤單寂寞；當人們結束白天辛苦的工作後，只會想要好好休閒放鬆。

　　這些生活中的無聊或孤單時刻，正好能被直播所提供的娛樂內容填補。打開直播，觀賞直播主唱歌跳舞，或是單純找直播主聊天配吃飯，都足以排遣觀眾內心的無聊與寂寞。

直播的用途

一般直播主開直播的用途有三種：吸引觀眾與直播主互動、圈粉並培養死忠鐵粉，以及將觀看流量轉換成訂單。

引起觀眾的互動
吸引觀眾與直播主互動，增加觸及率。

累積更多粉絲
圈粉並培養死忠鐵粉，凝聚觀看流量。

將觀看流量變現
用觀眾對直播主喜愛，進行拍賣、鼓勵下單等導購行為。

吸引觀眾與直播主互動，增加觸及率

開直播的第一個用途，就是透過觀眾與直播主的互動，讓 Facebook 演算法認為自己的直播值得推廣，而自動幫自己在動態消息上擴散影片，從而增加直播影片的觸及率。

雖然大部分的直播主都希望能靠直播賺錢，但在談論如何成交前，應該先了解如何讓人看見和喜歡自己的直播。對新手直播主而言，除了請親朋好友當第一批觀眾，並幫自己分享外，更應該想辦法讓點進自己直播的陌生的觀眾，和自己產生互動。

此處的互動，可以是對正在直播的影片按讚、按愛心或其他表情、留言或分享。關於演算法的詳細說明，請參考 P.32；關於吸引觀眾互動的方法的詳細說明，請參考 P.166。

圈粉並培養死忠鐵粉，凝聚觀看流量

CLOUMN 02

　　開直播的第二個用途，是圈粉並培養死忠鐵粉，以凝聚觀看流量。如果說增加直播觸及率，像是招呼顧客走進一間商店，那圈粉就是讓顧客走進店裡後，被店裡的東西吸引到願意久留。

　　當直播主已經可以吸引到一批觀眾觀看直播時，就必須把握機會，透過製作足夠吸睛的內容，讓觀眾被圈粉，願意花時間觀看直播，甚至讓觀眾記住世界上有自己這位直播主，等下次開直播時，被圈粉的網友就會願意點進去觀看，甚至將直播分享、擴散出去。

將觀看流量變現

CLOUMN 03

　　開直播的第三個用途，就是將觀看流量轉換成訂單。就像實體商店裡的店員，會希望逛進店的顧客能夠掏錢消費，當直播主開直播已能吸引大量穩定的觀看流量時，才能運用觀眾對直播主的喜愛及信任，開始在直播中開始進行商品試用介紹、喊價拍賣、鼓勵下單等導購行為，以將觀看流量的紅利透過觀眾下單付款，轉為實質的營收金流。

SECTION_03
直播的獲利模式

　　直播的獲利模式，會因直播主所選擇的直播平台，以及選擇的直播類型不同而有所差異。以下直播的獲利模式說明，是以在 Facebook 上進行直播為例進行說明。

拍賣商品

在直播中介紹商品的賣點，以促進觀眾下單購買的慾望。

廣告業配

廠商透過支付廣告費，請直播主在節目中介紹或露出商品。

粉絲贊助

讓死忠鐵粉，自願花錢贊助直播主。

 ## 拍賣商品

在 Facebook 上進行直播的第一種賺錢方法，就是直接拍賣商品。直播主可以在直播中介紹商品的賣點、現場試用商品給觀眾看，甚至推出限時特價活動，以促進觀眾下單購買的慾望。

 ## 廣告業配

若是身為有一定觀看流量的 Facebook 直播主，就有可能接到其他廠商的邀約，希望直播主能在直播中向粉絲推薦自家產品，並願意支付廣告費，作為直播主的收入。

 ## 粉絲贊助

直播主可以透過歐付寶 O'Pay 或 Patreon 等第三方收款系統，先註冊帳號，然後在直播時提供給粉絲可自由打賞的網址連結，讓願意花錢力挺直播主的粉絲贊助自己，成為直播主的收入之一。

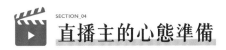

直播主的心態準備

了解網路直播的趨勢、優勢、用途及獲利模式後，或許已有許多人迫不及待的想要開直播，加入用直播賺取收入的行列了。

但在真正踏入這個行業前，直播主須具備一項觀念：直播主必須擁有觀眾及粉絲，才有存在的意義及獲利的可能。缺乏能力留住觀眾，並把觀眾變成粉絲的直播主，就只是個在攝影鏡頭前自嗨的無名氏罷了。

所以為了獲得網友的關注，想要擔任直播主的人，應先建立以下的心態。

展現自己的魅力，不要怕丟臉
在直播中盡情展現自己的魅力，以吸引粉絲。

學習藝人，為了吸睛而表演浮誇
在直播中浮誇演出，滿足觀眾的娛樂需求。

以「鋼鐵心」面對酸民的負評
以平常心面對批評，在直播中維持自己的形象。

CLOUMN 01　展現自己的魅力，不要怕丟臉

有些人天生較內向害羞，較不擅長在鏡頭前展現自己，或者因為太愛面子，而無法在直播中放開自己的言行舉止。

若新手直播主有類似的想法，會建議這些人：忘記自己的面子吧！因為大方自信的態度，較容易獲得觀眾的喜愛及關注。若無法在直播中，盡情展現自己的魅力，去吸引並圈出粉絲的話，會很難達成「靠直播獲利」的目標。關於如何練習克服鏡頭並開播的詳細說明，請參考 P.113。

➤ 學習藝人，為了吸睛而表演浮誇
CLOUMN 02

就像是傳統電視節目中的藝人一樣，有時直播主必須滿足觀眾娛樂的需求，才能吸引人願意花時間，觀看你的直播節目。

因此，直播主不必擔心自己的表情、手勢動作或話術太浮誇，畢竟直播主及觀眾間仍隔著一個螢幕的距離，為了能讓觀眾更有感受及共鳴，在直播中以誇張的方式傳達情緒，只要不犯法、不詐欺，都能算是合理的表達方式。關於如何吸引粉絲互動的詳細說明，請參考P.166。

➤ 以「鋼鐵心」面對酸民的負評
CLOUMN 03

有句話説：「人在江湖飄，哪有不挨刀？」網路世界裡本來就充滿酸民，只要直播主不小心出醜、説錯話，都有可能引來酸民的批評及嘲笑。

此時，直播主應以「鋼鐵心」面對負面的批評，如果觀眾的負評有理，那麼直播主可以虛心受教、檢討改進；若酸民的負評毫無建設性，則可以一笑置之。記住，直播主千萬不要過度「玻璃心」，動不動就在直播中情緒崩潰或發飆，否則易敗壞路人觀眾的好感，難以建立自己的良好直播主形象。

01

如何成為直播主？
建立個人品牌形象

HOW TO BECOME A

Live Streaming

Broadcaster?

Build a personal brand image

Article. One

如何成為直播主？建立個人品牌形象

直播軟體教學

LIVE STREAMING SOFTWARE TEACHING

　　想成為網紅直播主？就從播出第一支直播影片開始吧！在開始直播前，要先選擇個人偏好的直播平台。而這本書是針對想要學習在 Facebook 上開直播的人，所設計的教學內容，因此以下提及的直播，主要指在社群平台 Facebook 上的直播。

　　想嘗試在 Facebook 上播出第一支直播影片？先註冊及設定 Facebook 帳號吧！

註冊並設定
Facebook帳號

直播主須先註冊一個
Facebook帳號，並
將帳號設定完全。

了解Facebook
演算法規則

有互動行為可增加觸及，
踩到地雷會被處罰。

直播軟體
教學

取好記、好唸的
ID名稱

建議選擇當地常用語言，
並用諧音哏取名。

學習開直播的步驟

分為電腦版及手機版
Facebook的開直播
步驟教學。

SECTION_01

開始直播前,帳號有設定完全嗎?

在決定選用 Facebook 作為直播平台後,須先註冊一個自己的 Facebook 帳號,並將帳號設定完全。

電腦版 Facebook 註冊帳號

01

打開 Chrome 瀏覽器,在搜尋列輸入「Facebook」,並按 Enter 鍵搜尋。

02

點擊「Facebook- 登入或註冊」。

03

點擊「建立新帳號」。

04

先填寫基本資料,再點擊「註冊」,即完成 Facebook 帳號註冊。

手機版 Facebook 註冊帳號

02

點選「建立新 Facebook 帳號」，
即可進入填寫資料並註冊。

01

點選「Facebook」。

電腦版設定 Facebook 帳號教學

在 Facebook 上成功註冊帳號後，再將 Facebook 後台內設定所須填寫的資訊欄位，都盡量填寫完整。

將帳號設定填寫完整的好處，就是當 Facebook 系統故障、或不小心違反使用原則時，有將資訊設定填寫完全的帳號，比較容易被救回來，而不會被平台誤判成假帳號，導致帳號被刪除、消失，以免使自己須重新經營平台。

01

登入 Facebook 帳號。

02

點擊「▼」。

03

在選單中，點擊「設定」。

04

進入一般帳號設定頁面，即可開始編輯個人資訊。（註：建議每個項目都進入填寫完成。）

01

登入 Facebook 後，點選「三」。

02

出現選單，將選單往下滑，再點選「設定和隱私」。

CLOUMN 04　手機版設定 Facebook 帳號教學

03

點選「設定」。

04

進入一般帳號設定頁面，即可開始編輯個人資訊。（註：建議每個項目都進入填寫完成。）

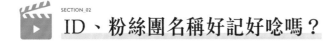

ID、粉絲團名稱好記好唸嗎？

　　想要成為網紅直播主，在設定帳號時，建議取一個讓人好唸又好記的名字。若是 ID 名稱又長又難唸，會讓觀眾很難記住直播主的名字，無法對名字留下深刻的印象。

　　在取 ID 或粉絲團名稱時，可把握以下兩個原則。

選擇
當地人常用的語言

　　若身處華人世界，建議取中文的名字。

善用諧音哏取名

　　例如：直播界的小帥勾（小帥哥的諧音）。

取名
原則

01　02

選擇當地人常用的語言

　　選擇當地人常用的語言，來設定自己的帳號名稱，能讓直播的主要目標觀眾，更容易記住自己的名字。例如：如果直播主身處西方世界，則建議取英文的名字；如果直播主身處華人世界，則建議取中文的名字。

善用諧音哏取名

　　在設定網路 ID 名稱時，不一定要使用自己真正的名字，而是可以運用諧音，替自己取一個能夠使人看一眼就忘不掉的名字。例如：直播界的小帥勾（小帥哥的諧音）。

Facebook直播開播前，必須了解的遊戲規則：演算法

一個直播主能夠成功，除了須製作出吸引觀眾眼球的直播內容外，更重要的是必須了解及遵守直播平台的運作規則，甚至善用直播平台的運作規則，順勢推廣自己直播的觸及率。關於觸及率的詳細說明，請參考 P.72。

如果直播主不夠了解自己使用直播平台的運作規則，不僅無法將平台的運作規則，轉換成能幫忙增加觸及率的助力，更可能因為不小心觸犯規則，而遭到平台將帳號暫時停權或直接刪除等處罰。

Facebook 身為全世界使用者最多的社群平台，自然會有一套規則來運作和管理整個平台，而這個規則就是 Facebook 的演算法。

演算法的互動加分

互動方式包含按讚、按愛心或其他表情、留言、分享，以及私訊，有助於提升觸及。

演算法的地雷

Facebook在標題、使用音樂及垃圾內容等，有一定規範，違反者會造成觸及降低，或是帳號停權等處分。

CLOUMN 01　演算法的互動加分

Facebook的演算法會替所有使用者在Facebook上所發布的內容進行評分，包含文字、圖片、影片及直播內容等。只要發布的內容分數越高，Facebook越樂意自動在使用者的動態消息上進行推廣。

因為 Facebook 是社群平台，而社群平台的初衷就是希望使用者，彼此可以盡量互動交流，所以為了鼓勵使用者互動，在 Facebook 的演算法中，所有的互動行為都可以獲得加分，也就是獲得 Facebook 將自己的直播內容，浮現在其他使用者動態消息上的機會。

在 Facebook 平台上，使用者互動的方式有：對發布的內容按讚、按愛心或其他表情、留言、分享，以及對使用者或粉絲專頁私訊。而在所有互動行為中，私訊的加分最高，再來依序是分享、留言、按其他表情，最低分的則是按讚。

加分高低	最高→最低				
互動行為	私訊。	分享。	留言。	按愛心或其他表情。	按讚。

演算法的地雷

Facebook 演算法除了有提高觸及率，來獎勵優質內容的規定外，也有針對 Facebook 平台認為不合宜的內容，例如：明顯商業行為，來刻意降低觸及率、暫時將違規帳號停權，甚至是直接刪除違規的帳號等手段，來懲罰惡質內容的規定。

因此直播主若希望自己的直播能夠觸及更多觀眾，就必須盡量做出符合 Facebook 演算法的行為，並避開演算法的地雷。而 Facebook 演算法的常見地雷，可分別從標題、音樂及垃圾內容來介紹。

◆ 標題

在 Facebook 開直播時，直播主可以在自己的直播打上喜歡的標題。但是以下類型的標題會踩到演算法的地雷，例如：含有政治話題、宗教話題、仇恨言論及誘導性字眼等。

◇ 政治話題、宗教話題

直播標題中如果含有政治或宗教話題等敏感字詞，就容易被 Facebook 平台降低觸及率。

◇ 仇恨言論

Facebook 在自己的社群守則中對仇恨言論的定義是：「……包括針對他人的種族、民族、國籍、宗教信仰、性傾向、種姓、性別、性別認同、重大疾病或身心障礙等所謂受保護的特徵進行直接攻擊。」

而 Facebook 對攻擊的定義是：「……包括暴力或非人化的言論、有害的刻板印象、貶抑的陳述方式，或鼓吹排擠或隔離。」所以當直播標題中被 Facebook 平台認為是仇恨言論的詞語，比如辱罵、歧視他人等相關字眼，就容易被降低直播的觸及率。

◇ 誘導性字眼

在直播標題中，如果直接打出「按讚」、「分享」等誘導觀眾互動的相關字詞，就容易被 Facebook 平台降低觸及率。因為 Facebook 希望使用者間的互動行為是自然發生，而非被刻意誘導出來。

◆ 音樂

在 Facebook 開直播時，Facebook 平台會自動偵測直播主使用的音樂，如果直播主在自己的直播中使用有版權的音樂，就會違反 Facebook 的演算法。即使是在路上邊逛街邊直播，而不小心將背景店家播放的音樂錄進直播中，Facebook 一樣能夠偵測的到，並且會對直播主提出警告。

Facebook 平台對音樂侵權問題相當重視，所以如果在直播過程中，收到 Facebook 的使用音樂違規警告，直播主必須立刻結束直播，否則很可能會導致帳號被停權或刪除。

◇ 垃圾內容

垃圾內容就是被 Facebook 演算法判斷為「沒有價值、使用者可能不喜歡、誘導式留言」的內容，而大量重複性的字詞就是其中一種。

所以當直播主在直播過程中，請觀眾刷留言時，千萬不能只讓觀眾輸入單一、重複的訊息，例如：666、直播主好帥等，否則可能會被 Facebook 平台誤判是假帳號在灌水垃圾留言而被處罰，導致直播的觸及率被刻意降低。

請觀眾刷留言時須知		
示範種類	NG 示範	OK 示範
第一則留言	直播主好帥	直播主好帥 1
第二則留言	直播主好帥	直播主好帥 2
第三則留言	直播主好帥	直播主好帥 3
第四則留言	直播主好帥	直播主好帥 4
第五則留言	直播主好帥	直播主好帥 5
說明	每個觀眾留言都相同、重複，易被 Facebook 演算法判定為垃圾內容。	可請觀眾將留言依順序加上編號，以避免留言的內容重複。

SECTION_04
用 Facebook 開直播的步驟教學

以下將介紹電腦版及手機版 Facebook 的開直播步驟教學。

用電腦版 Facebook 開直播

以下為電腦版 Facebook 的開直播步驟教學。

01

先登入個人的 Facebook 帳戶，再點擊「直播視訊」。

02

進入設定直播的畫面，點擊「分享到你的動態時報」。

03

出現下拉選單，可點選「分享到你的動態時報」、「分享到你管理的粉絲專頁」或「分享到社團」。

ⓐ 點選「分享到你的動態時報」。（註：步驟請參考 P.36。）

ⓑ 點選「分享到你管理的粉絲專頁」。（註：步驟請參考 P.36。）

ⓒ 點選「分享到社團」。（註：步驟請參考 P.37。）

點選「分享到你的動態時報」

a01

點選「分享到你的動態時報」。

a02

可點選「朋友」。

a03

跳出選擇隱私設定的視窗，可點選要設定的隱私選項。（註：此處以「只限本人」為例。）

a04

隱私設定完成，可將頁面往下拉，進入步驟4。

點選「分享到你管理的粉絲專頁」

b01

點選「分享到你管理的粉絲專頁」。

b02

可點選粉絲專頁名稱的欄位。

b03

出現選單，可選擇想要開直播的粉絲專
頁。（註：此處以「Facebook 直播測試」
為例。）

b04

粉絲專頁設定完成，可將頁面往下拉，
進入步驟 4。

ⓒ 點選「分享到社團」

c01

點選「分享到社團」。

c02

可點選社團名稱的欄位。

c03

出現選單，可選擇想要開直播的社團。
（註：此處以「直播練習室」為例。）

c04

社團設定完成，可將頁面往下拉，進入
步驟 4。

04

可在標題或內文的欄位輸入文字。

❶ 可在標題欄位輸入文字。

❷ 可在內文欄位輸入文字。

05

點擊「開始直播」，即可開啟直播。

 用手機版 Facebook 開直播

以下為 Android 手機版 Facebook 及 iOS 手機版 Facebook 的開直播步驟教學。

◆ Android 版 Facebook 開直播

01

登 入 Facebook 帳號，點選「直播」。

02

進入直播設定的頁面，點選「朋友‧發佈貼文」。

03

進入選擇分享對象的頁面，可點選想要直播的位置。（註：此以「直播練習室」社團為例。）

04

點選「←」，回到上
一頁。

05

分享對象變更完成，
點選「點按可新增說
明」。

06

進入輸入標題的頁面，
並輸入標題。（註：此
處以「輸入標題」為例。）

07

點選「完成」。

08

點選「開始直播」，
即可開啟直播。

◆ iOS 版 Facebook 開直播

01

登 入 Facebook 帳
號，點選「直播」。

02

進入直播設定的頁面，
點選「 朋友‧貼文 」。

03

跳出選擇分享對象的
視窗，可點選想要開
直播的位置。（註：
此以「直播練習室2」
社團為例。）

04

點選「╳」，關閉視窗。

05

分享對象變更完成，點選「點按可新增說明」。

06

進入輸入標題的頁面，並輸入標題。（註：此處以「輸入標題」為例。）

07

點選「完成」。

08

點選「開始直播」，即可開啟直播。

Article. Two

如何成為直播主？建立個人品牌形象

軟硬體選擇與使用

SELECTION AND USE OF SOFTWARES AND HARDWARES

　　希望自己的直播能在 Facebook 平台成功吸引人氣，除了須順應 Facebook 的演算法規則外，也需要適當的軟硬體配合，以維持良好的直播品質。例如：直播畫面能夠穩定不搖晃、畫面光線看起來不會太暗，或直播聲音不會雜音太多、不會聽不見直播主說話等。

SECTION_01

剛起跑，直播設備需要花大錢嗎？

　　如果是剛準備開始成為直播主的新手，可以先不必花大錢購買太多器材，而是只要準備最基本的「直播四寶」——行動裝置、補光燈、直播腳架及行動電源即可。其他較進階的設備或道具，可等到日後有明顯需求時，再視情況添購。

CLOUMN 01　**直播四寶**

直播四寶	Mobile Device 行動裝置	Fill Light 補光燈	Tripod 腳架	Portable Charger 行動電源

◆ 行動裝置

◇ 建議使用攝影效能較好的手機

最方便、最容易取得的行動裝置就是智慧型手機，只要行動裝置能連上 WiFi 或 4G/5G 行動網路，並註冊一個 Facebook 帳號，就可以隨時隨地開直播了！

首先，在選購行動裝置時，建議使用較新、攝影效能較好，以及電池容量較大的機型，因為直播用的手機非常重視畫質、電量及效能，所以，建議選擇使用大品牌的手機，品質較穩定。

◇ Android 系統及 iOS 系統的手機各準備一支

在準備行動裝置時，建議直播主將 Android 系統及 iOS 系統的手機各準備一支，因為當其中任一個作業系統的 Facebook 當機時，還能使用另一支手機進行直播，而不必空等系統的維修時間。

另外，在直播過程中，如果想要馬上看留言並回覆時，即可使用另一支沒有開直播的手機進行操作。

◆ 補光燈

◇ 補光可避免畫面太暗、顏色失真等狀況

當直播環境的自然光線不足時，就需要補光燈協助打光，以免使直播主的臉部太黑，而給觀眾不專業的感受；或是使商品在螢幕畫面上看起來顏色失真，而降低了觀眾的購買意願，甚至讓觀眾在購買商品後感到受騙，而引發不必要的消費糾紛。

◇ **建議選購可調整亮度及色溫的補光燈**

　　因為是以智慧型手機為主要直播的設備，所以直播主在挑選補光燈時，選擇手機用的補光燈即可，並建議挑選可自由調整亮度及色溫的補光燈。例如：具有黃光、白光及兩種光同時開啟功能的補光燈，或是使用者可自行選擇最暗、中等或最亮的三段亮度補光燈等。

◆ **直播腳架**

◇ **腳架可幫助直播畫面不搖晃**

　　如果直播主以單純手持行動裝置的方式進行直播，較容易讓觀眾感到畫面太晃，而影響觀眾繼續收看的意願。因此，為了讓直播的畫面看起來是穩定舒服的，就必須依賴腳架固定手機。

◇ **120 公分以上長度的可伸縮腳架**

　　在挑選直播用的腳架時，建議買 120 公分以上長度的可伸縮腳架，以方便拍出平視的直播視角；至於腳架上可安裝行動裝置的部位，須挑選能夠直拍與橫拍的款式，以及能夠 360 度旋轉的腳架，以應付各種不同的直播需求。

◆ **行動電源**

　　開直播時，最怕設備意外沒電或網路斷線，導致好不容易吸引到的觀眾流量，瞬間化為烏有。因此若是使用行動裝置進行 Facebook 直播，則直播主除了須確認裝置有提前充飽電外，還須另外準備 1 ～ 2 顆電量飽滿的行動電源，並帶在身邊，以備不時之需。

其他進階直播配備

◆ **雙頭補光燈**

　　雙頭補光燈的功能和補光燈一樣，都是為了彌補直播現場亮度的不足。

　　而雙頭補光燈的優點，在於能夠去除單邊打光時出現的陰影，使直播主及商品在畫面上的呈現，能更美觀。

◆ **廣角鏡頭**

　　請直播新手注意！此處所要介紹的是「廣角鏡頭」，不是「魚眼廣角鏡頭」，千萬不要買錯。當直播主在戶外直播，想要帶觀眾看壯觀遼闊的景色時，有時手機內建的鏡頭無法將背景完全收進鏡頭中，此時就可以在手機鏡頭上加裝廣角鏡頭，以擴大觀眾可看見的視野畫面，另外，有些廣角鏡頭可以分解成微距鏡頭（特寫鏡頭），在使用上更方便！

◆ **麥克風**

　　在直播時，以外接麥克風收音，可使觀眾聽到的音質較佳，也可使音量聽起來較穩定，不會忽大忽小，讓觀眾可以更舒服的觀賞直播。

　　　　　　　　　　◆ **耳機**

　　　　　　　　耳機也有內建的麥克風，可幫助直播主收音，而且可攜帶的耳機麥克風，便利性高於桌上型麥克風。

◆ 手機平衡器

　　手機平衡器能幫助直播主在行動直播時，使手持所拍攝的畫面保持穩定，而不會讓觀眾有「暈船」的感覺。

◆ 電腦

　　當直播主不需要到戶外四處直播時，就可以考慮以電腦代替行動裝置，作為直播的主要工具。因為電腦可以外接許多其他輔助直播的軟、硬體，例如：耳機、麥克風、OBS 軟體等，可將直播內容製作得更完善，且電腦版 Facebook 也比手機版 Facebook 更穩定，較不會發生把觀眾留言「吃掉」的問題。關於 Facebook 留言吃字的詳細說明，請參考 P.144。

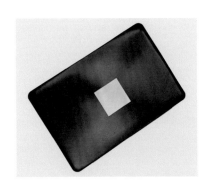

◆ 背景布

　　直播時，背景布可以讓直播主的背景看起來更乾淨。如果是直播新手，建議可以大張的紙或不要太花俏的被單、床單等布料，作為背景布的替代品。

◆ 白板及白板筆

　　在直播時，直播主可以在觀眾看不見的角度放置白板，並將須提醒直播主的各種事項，以白板筆提前寫在白板上，例如：直播預計的整體流程、各項拍賣商品的特色及起始價等，以作為提醒直播主的「小抄」。

白板及白板筆在直播中的功用	使用時是否需展示給觀眾看
事先寫上呼籲觀眾互動的關鍵字。	是，且須將白板寫字的那面展示給觀眾看。
事先寫上抽獎活動規則或下單規則，用於互動遊戲或拍賣商品。	是，且須將白板寫字的那面展示給觀眾看。
在玩互動遊戲時，例如：終極密碼、猜猜樂等，直播主先寫下並覆蓋答案。	是，但遊戲結束前，不要讓觀眾看到有寫答案的那面；等公布答案時，再將白板寫字那面展示給觀眾，主要是為了證明直播主玩遊戲時沒有作弊。
事先寫下直播的時間流程。	否，白板須放在直播畫面外，當作提醒直播主的小抄。
在直播過程中，用來和畫面外的工作人員，以文字溝通的管道。	否，白板須放在直播畫面外。例如：當直播主想在直播過程詢問老闆，某項商品的競標底價時，可用白板寫字私下溝通，避免被觀眾知道商品的成本價，導致購買意願下降。

◆　計時器

　　計時器在直播中的用途，就是在進行限時優惠活動時，給觀眾看限時優惠的倒數時間，讓觀眾感受到時間緊迫的氛圍，有助於催促觀眾下單購買的效果。關於如何使用計時器的詳細說明，請參考 P.134。

◆　展示專用盤

　　可以將想要展示的商品，360 度旋轉的圓盤。展示專用盤可以在直播時，讓觀眾看見商品不同角度的展示，也能讓動態旋轉的商品，豐富直播當下的畫面。

◆ 槌子

　　直播拍賣商品時，在直播主宣布「成交！」的剎那，可以搭配槌子道具敲打桌面，營造直播內容的趣味感。關於如何使用槌子的詳細說明，請參考 P.134。

◆ 簡易小型攝影棚

　　在直播拍賣小件商品時，可將小件商品放在簡易小型攝影棚內，使商品能在畫面上，被觀眾看得更清楚，並透過攝影棚的內建打光，讓商品的顏色、外觀等，看起來更具吸引力。

◆ 音效卡

　　音效卡是用來協助電腦的聲音訊號，以及現實生活的聲音訊號間的信號轉換工具。它可以將直播主的說話聲音處理得更乾淨、更有質感；也可以幫助直播主隨時播放笑聲、掌聲等音效，以營造氣氛。

◆ 網路攝影機

　　可以連接電腦，用於直播錄製的攝影機。通常網路攝影機的畫面解析度，會比電腦內建的鏡頭更好，同時又具備麥克風的收音功能。

◆ 導播軟體 OBS（Open Broadcaster Software）

　　OBS（Open Broadcaster Software）是一個能導播網路直播的免費電腦軟體，它能夠將即時直播的影像加上字卡、字幕、轉場等特效，也能將預錄好的影片，以直播的方式在 Facebook 上播出，以吸引更多觀眾觀看。關於 OBS 的詳細說明，請參考 P.263。

OBS 官方網站介面示意圖。

OBS 官方網站
連結 QRcode

◆ 無他伴侶及無他相機

　　以電腦使用 OBS 軟體進行直播時，若想要將手機拍攝的畫面導入直播場景，或直播主希望能添加美肌濾鏡效果時，可使用電腦軟體無他伴侶，以及無他相機 APP 進行串聯來達成目的。關於無他伴侶及無他相機的詳細說明，請參考 P.311。

無他伴侶官方網站連結 QRcode

無他伴侶官方網站介面示意圖。

無他相機 APP 手機
下載頁面示意圖。

前、中、後期直播配備建議（此表格僅供讀者參考。）

前、中、後期直播配備建議表			
	直播前期	直播中期	直播後期
行動裝置、腳架、補光燈、行動電源	○	○	○
廣角鏡頭	×	○	○
雙頭補光燈	×	○	○
白板及白板筆	×	○	○
計時器	×	○	○
麥克風	×	×	○
耳機	×	×	○
手機平衡器	×	×	○
電腦	×	×	○
背景布	×	×	○
展示專用盤	×	×	○
槌子	×	×	○
簡易小型攝影棚	×	×	○
音效卡	×	×	○
網路攝影機	×	×	○
導播軟體 OBS	×	×	○
無他伴侶及無他相機	×	×	○

如何成為直播主？建立個人品牌形象

直播團隊的建立

The Establishment of the Live Stream Broadcast Team

在剛開始成為直播主時，為了降低直播的成本，通常會由直播主自己包辦所有與直播相關的事務；但當直播主希望能製作更專業、更有質感的直播內容時，就勢必得考慮擴大規模，找人建立自己的直播團隊。

**直播過程
有哪些工作內容？**

包含直播前、直播當下，以及直播結束後的全部事項。

**直播團隊
需要哪些人？**

可根據直播工作的內容及需求，增減人員配置。

SECTION_01

直播過程有哪些工作內容？

組成一個直播團隊需要多少人？其實沒有標準答案，可以視直播主的需求增減人員配置。而在確定團隊人數前，應先了解在 Facebook 開一場直播之前，究竟有哪些工作必須完成？

直播過程有哪些工作內容？

包含錄製直播、主持直播、與廠商溝通、突發狀況處理、文字小幫手操作，以及操作導播軟體。

在開啟直播時

在開啟直播前

包含尋找廠商、熟悉商品、規劃流程、確認直播環境、設置硬體設備、確認網路訊號、設置導播軟體、注意直播主的服裝打扮，經營粉專及發布預告貼文。

在結束直播後

包含彙整訂單並收款出貨、進行事後分析及優化討論，以及成立VIP粉絲群組。

在開啟直播前

CLOUMN 01

◆ 尋找合作廠商

若直播主有想要在 Facebook 直播上幫忙拍賣或業配商品的想法，須事前尋找願意合作的廠商進行洽談。

◆ 熟悉合作商品

若打算在直播過程中拍賣商品，須提前了解要推薦的商品，本身有哪些吸引人購買的優點？它能解決消費者的什麼問題或痛點？需不需要在直播中安排商品開箱試用的環節？這場直播可以提供觀眾什麼促銷方案？等問題。

只有直播主自己先摸透商品的優缺點以及使用方式，才能在直播中以最適合商品的推銷方式，將觀看的流量成功轉換為訂單及收入。

◆ 規劃直播流程

　　雖然網路直播比預錄影片上傳更方便，且能即時互動的特性，可讓直播的過程更自由且充滿驚喜，但這並不代表網路直播不需要事前規劃整體流程或腳本。關於直播製作及節奏掌握的詳細說明，請參考 P.87。

　　願意花時間設計整個直播流程的節奏及內容，才能使直播內容的更豐富有趣，也比較能避免在直播當下，發生不曉得該做什麼事的尷尬處境。

◆ 確認直播的環境動線

　　若預計直播的內容須邊走動邊主持時，直播主應先規劃好正式直播時的動線，以免在直播時，有閒雜人物一直入鏡，或因不了解如何走動而使直播過程卡住，導致觀眾因感到無趣而離開直播。

◆ 設置直播的硬體設備

　　在正式開網路直播前，應事先架設好要使用的各式器材，並測試設備有沒有足夠的電力、測試收音清不清楚等。另外，也須完成背景及道具布置，並將須展示的商品擺在合適的位置，方便直播時能順利取用。

　　直播需要的工具設備，可依照個人需求準備，關於直播設備介紹的詳細說明，請參考 P.41。

◆ 確認網路訊號

　　在正式直播前，應先確認直播環境的網路訊號夠強，以及網路速度夠快。若直播主是使用行動裝置直播，建議選擇良好的網路訊號進行直播；若是用電腦進行直播，則建議透過乙太網路傳輸線連上網路，以確保直播的品質。

◆ 設置導播軟體

　　若是使用電腦進行串聯直播，或是想要將預錄的影片，以直播的形式
播出，則須在直播前將導播軟體設定完成。關於導播軟體 OBS 的詳細說
明，請參考 P.263；關於電腦串流直播的詳細說明，請參考 P.259。

◆ 注意直播主的服裝打扮

　　在正式直播前，直播主應打理出適合上鏡的妝髮造型及服裝搭配，讓
觀眾能對直播主持人留下好的第一印象。關於直播主造型設計的詳細說
明，請參考 P.57。

◆ 發布直播預告的 Facebook 貼文

　　在 Facebook 上正式直播前，建議直播主可提早發布 Facebook 貼文，
預告開直播的時段，以提醒觀眾預留時間，參與自己的直播過程。關於直
播之前的宣傳的詳細說明，請參考 P.97。

◢◤ 在開啟直播時
CLOUMN 02

◆ 錄製直播

　　須有人負責按下直播鍵，以錄影設備拍攝直播主。

◆ 主持直播

　　在直播開始後，須至少有一位直播主負責主持整個直播。直播主可在
直播過程中，和觀眾進行聊天互動、進行商品的介紹及試用，或刺激消費
者下單購買等。

◆ 操作導播軟體

　　若是想要增加直播畫面的質感，可藉由電腦及 OBS 導播軟體，在直播
的畫面上製作出字卡、跑馬燈或轉場等特效。

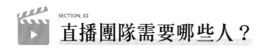

在結束直播後

◆ 彙整訂單並收款出貨

因為觀眾在 Facebook 直播時下訂單的方式，都是以留言的方式下訂，因此直播結束後，須有人負責統整觀眾下單的資料，並處理後續的收款、出貨等事宜，或是使用市面上的「+1 系統」協助處理。關於導購方法的詳細說明，請參考 P.181。

◆ 事後分析及優化討論

直播主可透過 Facebook 的留言數量及時間點，來分析與觀眾互動多寡的原因，並嘗試將直播成功的經驗，複製到以後的直播中。關於檢視本次直播狀態的詳細說明，請參考 P.178。

◆ 成立 VIP 粉絲群組

直播主可在 LINE 或 Messenger 上成立 VIP 粉絲專屬的群組，並邀請曾在自己直播中掏錢下訂單的觀眾，全部加入群組，使這個 VIP 群組成為自己後續宣傳直播預告，以及長期提供服務的管道。關於建立 VIP 粉絲群組的詳細說明，請參考 P.184。

SECTION_02
直播團隊需要哪些人？

在剛起步當直播主時，為了減少成本，通常所有的直播相關事務都是由自己一人包辦。但當自身的直播事業越做越大後，就有必要建立自己的團隊，將每個環節的工作都做得更專業、更細緻。

直播團隊的人數，沒有一定的限制，只要所有人能合作完成一場又一場的成功直播，就是良好的直播團隊編制。以下為直播團隊中常見的角色分工介紹。

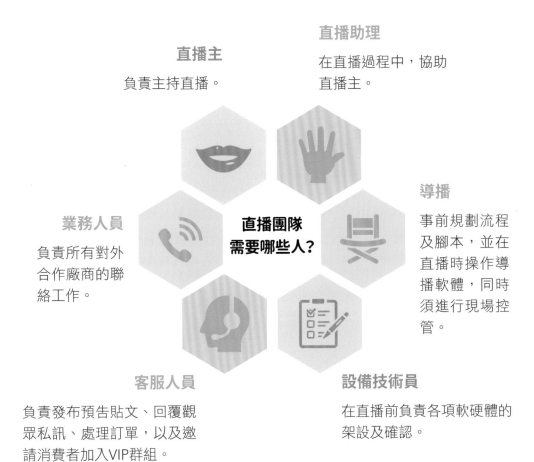

直播主

負責主持直播。

直播助理

在直播過程中，協助直播主。

導播

事前規劃流程及腳本，並在直播時操作導播軟體，同時須進行現場控管。

業務人員

負責所有對外合作廠商的聯絡工作。

直播團隊需要哪些人?

客服人員

負責發布預告貼文、回覆觀眾私訊、處理訂單，以及邀請消費者加入VIP群組。

設備技術員

在直播前負責各項軟硬體的架設及確認。

CLOUMN 01 直播主

　　主要負責主持直播的人。直播主至少須負責熟悉合作商品、確認直播環境動線、注意服裝打扮、專心主持直播，以及事後分析、檢討等工作。

直播助理
CLOUMN 02

　　主要在直播過程中，協助直播主的人，也就是所謂的「小幫手」。直播助理須負責幫忙遞送直播主需要的道具或商品，並注意直播過程的觀眾留言。助理可適時回覆觀眾留言，或將觀眾的重要回饋意見即時告訴直播主，讓直播主可以不必自己分心看留言，而打斷了介紹環節等流程。

導播
CLOUMN 03

　　導播須負責事前規劃直播流程及腳本，並在直播時操作導播軟體，同時須進行現場的控管，以避免或應付任何直播時的突發狀況。關於撰寫直播企劃書及腳本的詳細說明，請參考 P.87；關於 OBS 功能教學的詳細說明，請參考 P.273。

設備技術員
CLOUMN 04

　　設備技術員須在直播前，負責各項軟硬體的架設及確認，包含硬體器材、導播軟體及網路狀態等，並在直播時負責拍攝畫面。當直播過程中，發生任何關於設備技術的狀況，須馬上協助排除。

客服人員
CLOUMN 05

　　客服人員須在事前發布直播預告貼文、回覆觀眾在 Facebook 私訊的問題，並在直播結束後，處理彙整訂單、後續收款、出貨及邀請消費者加入 VIP 粉絲群組等事項。

業務人員
CLOUMN 06

　　負責所有對外合作廠商的聯絡工作，包含尋找合作廠商、洽談合作模式等。

Article. Four

如何成為直播主？建立個人品牌形象

鏡頭前的個人形象打造

Personal Image Creation In Front of the Camera

當一個直播主，就像藝人一樣，必須在鏡頭前使出渾身解數，展現「說學逗唱」的本領，以吸引眾多網友停下來關注直播，並更進一步培養自己的忠實粉絲，且在互動中建立觀眾對自己的信任感及親切感，最終打造出自己的個人品牌形象。

而從 Facebook 的使用者體驗的角度來說，一篇直播貼文出現在觀眾的動態消息時，並不會主動播放聲音，因此直播主只能先靠「視覺呈現」來吸引網友點閱直播。而在視覺呈現上，除了標題文字外，最重要的就是直播的畫面。

直播主既然是直播畫面裡的靈魂人物，他的個人形象就是能否吸引觀眾目光的關鍵之一。所以，接下來將從造型設計、肢體語言、口語表達、聲音表情及風格定調等面向，說明直播主在打造個人形象時，須注意的各個環節。

造型設計

包含根據直播類型、主題設計造型，以及透過造型創造視覺上的記憶點。

肢體語言

透過明顯的動作及誇張的表演，吸引觀眾點閱直播。

口語表達

包含須咬字清晰（或是個人特色，例如：台灣國語）、控制音量、口條流利，以及變化語調。

聲音表情
須透過聲音表達情緒,並保持微笑,吸引正向同溫層。

風格定調
只須展現自己的風格,不必刻意跟風模仿他人。

SECTION_01
造型設計

　　根據商業心理學的「55387」第一印象法則,決定一個人第一印象的因素有外觀打扮、肢體語言及語氣、談話內容三項,而這三項因素所占的比例是外觀打扮 55%、肢體語言及語氣 38%,以及談話內容 8%。

　　由此可知,當一個直播主影像出現在陌生觀眾的動態消息上時,觀眾會迅速透過直播主的髮型、妝容、服裝打扮等造型設計,瞭解直播主的風格和氣質,以及判斷直播內容的可信度和說服力。

造型設計

根據直播類型打造形象
可依照想要營造的形象設計穿搭,例如:專業人士的形象、休閒娛樂的形象等。

注意造型與直播主題的契合度
自己的打扮須和直播主題一致,讓觀眾的感受是協調、舒服的。

在造型設計上創造記憶點
可以長期使用特定的配件,凸顯個人特色,或運用出奇不意的打扮,加深觀眾對直播主的印象。

根據直播類型打造形象

在解析不同直播主的形象穿搭前，須先了解直播的類型，關於直播類型的詳細說明，請參考 P.68。其中，知識型直播強調提供「有價值的學習內容」，而銷售型直播的重點是「成交率」，娛樂型直播的主要目標則是「帶給觀眾娛樂」。

以知識型直播主而言，他們的造型設計須帶給觀眾專業人士的形象，因此常會穿著正裝，例如：西裝、襯衫、長裙等，也會較注重妝髮的整理；至於銷售型直播，則會依照銷售商品的屬性進行穿搭，例如：拍賣女性服裝的直播主，身上就會穿著同款品牌的商品，以將自己的穿搭作為展示商品的方法之一，所以他的整體造型，可能會偏向當時流行的風格；而娛樂型直播主則可打扮得較居家休閒，或奇異浮誇，使造型打扮成為取悅觀眾的精心設計之一。

注意造型與直播主題的契合度

直播主造型設計的首要原則，就是自己的打扮須和當天的直播主題一致，讓觀眾看直播的感受是協調、舒服的。

例如：如果要直播拍賣韓系服飾，直播主的造型設計，也應該要符合當下流行的韓系風格。若是直播主身穿中式長袍馬褂，卻向觀眾推薦韓系的皮衣、皮褲，會讓觀眾覺得很不搭調又不專業，甚至快速滑掉直播影片。

在造型設計上創造記憶點

這是一個人人都能隨時開直播的時代，該如何讓陌生觀眾在茫茫直播主的人海中，看一眼就記得自己？有一個祕訣是，在直播主的造型設計上創造記憶點。

創造記憶點，可以是用出奇不意的造型出現在直播畫面裡，例如：故意戴假髮、男扮女裝；也可以是長期在直播中，以固定的造型特徵出現在鏡頭

前，例如：每次開直播時，都故意配戴一副墨鏡或一搓假鬍子，或故意每次都穿相同色系的衣服等。

以固定的特徵出現在鏡頭前一段時間後，觀眾就會將固定的特徵當作直播主的招牌形象，並對直播主留下更深刻的印象。

SECTION_02
肢體語言

透過非口語的方式進行表達、溝通，常見的肢體語言有眼神、臉部表情、手勢及身體姿態等。

身為直播主，必須善用豐富的肢體語言，來加強直播內容想傳達的氣氛或感覺。例如：在催促觀眾趕快下單時，可以手持道具拍打桌面，製造「數量有限，要買要快」的緊張氣氛。

肢體語言

01 **用明顯的動作吸引目光**
將臉部表情、手勢等肢體語言大方的展現出來，才能拉近與觀眾的距離。

02 **用誇張的表演創造記憶點**
可以運用誇張的大動作或表演，來呈現直播重點。

CLOUMN 01 ▶ **用明顯的動作吸引目光**

因為直播只能提供觀眾視覺及聽覺的體驗，和人與人面對面相比，還少了嗅覺、觸覺等其他感受，所以為了更刺激觀眾的感官，達到吸引人關注的目的，直播主必須盡可能在直播時，將臉部表情、手勢等肢體語言大方的展現出來，也就是誇大自己的肢體動作，才能打破自己及觀眾間的螢幕隔閡，以拉近與觀眾的距離。

CLOUMN 02 用誇張的表演創造記憶點

　　如果直播主希望觀眾能記得自己想傳達的重點，可以運用誇張的大動作或表演來呈現直播重點。例如：想要強調褲子的布料很有彈性，就刻意在鏡頭前用雙手大力拉扯褲管，或是親自穿上褲子後，做出誇張的抬腿、跳躍等動作。

SECTION_03

口語表達

　　透過口頭語言，表達自己的想法。

　　口語表達的基本要素有：音量、音長、語調、語速、咬字發音及使用的詞彙等。而直播主進行直播時，即須把握以下幾項重點，以免觀眾對直播缺乏興趣。

**口語
表達**

咬字清晰
讓觀眾在沒有字幕、且正常音量的前提下，就能夠聽懂直播主所說的每句話。

控制音量
確保觀眾在螢幕前，都能清楚聽到直播主所說的每句話。

口條流利
能夠流暢表達自己想法的直播主，較受觀眾青睞。

變化語調
適時讓語調產生高低起伏，可使直播談話內容聽起來更生動有趣。

CLOUMN 01 咬字清晰，讓觀眾聽得懂每句話

在進行直播時，不論是使用中文、台語，還是使用發音有點不標準的台灣國語進行直播，都要讓觀眾能夠聽懂直播主在說什麼。直播主在說話時，須避免口齒含糊不清、語速過快，導致觀眾在聆聽時感到吃力，而產生觀看人次下滑的情況。

CLOUMN 02 控制音量，讓觀眾聽得到每句話

直播主在口語表達上，除了須注意咬字之外，還要控制說話的音量，確保觀眾在螢幕前，都能清楚聽到直播主所說的每句話。若是直播的聲音太小，而且經過觀眾反應後還無法改善問題，就會降低觀眾繼續看直播的意願。

CLOUMN 03 口條流利，抓住觀眾的耳朵及心

和說話時常卡頓、吃螺絲的直播主相比，能夠流暢表達自己想法的直播主更能受到觀眾青睞。因為說話頻繁卡頓，或直播過程出現長時間的沉默，不僅會使氣氛變得尷尬，還容易讓觀眾失去繼續收看的耐心。

以宣傳或叫賣商品為例，如果能將主打商品的優勢及賣點，以流利的口條向螢幕前的觀眾介紹、促銷，並運用加快語速的技巧，就能增加觀眾下單購買的意願。如果新手想練習自己的口條，不妨參考傳統市場的叫賣口號，或模仿購物台激起他人購買慾望的促銷詞彙等。

CLOUMN 04 變化語調，讓觀眾感到有趣

進行直播時，應適時讓語調產生高低起伏的變化，使直播的談話內容聽起來更生動有趣。若直播主一直用平淡的語調說話，會難以引起觀眾持續收看的興趣，並使觀眾無法專心聆聽直播主想要表達的內容。

聲音表情

在直播中，除了應注意咬字清晰、音量夠大、變化語調等基本條件外，還須練習用聲音表達情緒，以烘托出直播當下所需要的氣氛。至於哪幾種聲音表情對直播主而言，是最需要練習及具備的？答案就是微笑，以及健康正向的態度。

聲音表情

01 保持微笑
在按下直播鍵的那一刻起，就必須露出自己的笑臉。

02 吸引正向同溫層
如果直播主希望能夠吸引到比較正向的觀眾，則須製作傳播正能量的直播內容。

CLOUMN 01 直播主的基本功：保持微笑

請試想一個情境：在看 Facebook 上的直播時，一般人會選擇點選面帶微笑、看起來正在開朗說話的主持人的直播畫面，還是選擇看起來毫無活力、愁眉苦臉或正在發脾氣、破口罵人的直播畫面？

基本上觀眾一定都會選擇觀看笑容滿面的直播主，因為絕大部分的 Facebook 使用者，都是為了休閒娛樂而打開 Facebook，所以「微笑」可以說是每個直播主必備的能力。

另外，直播主須注意，不能等到有觀眾進入直播後，才開始擺出笑容，而是要在按下直播鍵的那一刻起，就必須露出自己的笑臉，否則直播結束後，當觀眾看回放影片時，自己剛開始沒笑的臭臉就會被抓包，並且被看的一清二楚！

物以類聚、和氣生財：吸引正向同溫層

建議想要當直播主的新手，將以下兩個口訣記在心上：「物以類聚」、「和氣生財」。

在網路上，不同價值觀的人會群聚成不同的同溫層，這就是所謂的「物以類聚」，因此當直播主希望可以吸引到特定客群來觀看自己的直播，最好的方法，就是讓自己的風格盡量貼近特定客群，所以如果直播主希望能夠吸引到比較正向的觀眾，則須製作傳播正能量的直播內容。

至於「和氣生財」的部分，正好可以呼應上一段提到的，笑容是吸引觀眾點擊觀看的法寶之一。直播主想賺錢之前，必須先召集足夠的人氣，而在臉上掛微笑，並珍惜、善待每一位有緣相遇的觀眾，就是吸引人氣及買氣的祕訣。

SECTION_05
風格定調

不同性格及專長的直播主，會發展出各自適合的直播風格。例如：擅長唱歌、跳舞等才藝的人，適合成為表演才藝型的娛樂直播主；個性爽朗、談吐幽默風趣的人，適合成為陪伴觀眾閒聊的談話型直播主；擁有易於常人食量的人，可以往吃播型的直播主發展；擁有專業知識的人，可以考慮走向知識型、說書型直播主的道路；熱愛玩網路遊戲的玩家，則可以成為遊戲型直播主；而善於用故事說服他人改變想法的人，則可以嘗試當銷售型直播主等。

風格定調

01 **檢視自己是在為誰設計風格**
專注喜歡自己的鐵粉提供正向內容，並形成自我風格。

02 **模仿不一定會成功**
可根據自己的個性、擅長能力及想要製作的直播類型，來定位直播風格。

自我檢視：是為鐵粉還是酸民設計直播風格？

◆ 直播的目標客群設定，會影響直播風格

有沒有想過，為什麼自己想要當一個直播主？除了賺錢以外，自己還希望能從玩直播中獲得什麼呢？在釐清自己想要提供觀眾什麼價值時，往往也決定了自己製作的直播內容走向，以及會吸引到什麼樣的觀眾或粉絲。

在詳細規劃直播的腳本時，一般直播主都會從性別、年齡、職業等不同面向，設定直播的目標對象，例如：25 歲～ 35 歲的女性上班族等。不過，除了目標對象的設定外，直播主還可以嘗試「假想客戶」的概念，使自己在精準擊中消費者痛點的同時，也能獲得源源不絕的快樂及持續下去的動力。

◆ 仔細想像觀眾的形象，並以創造正向直播氣氛為目標

假想客戶是可針對自己的目標對象，建立除了性別、年齡、職業等面向以外的細節假設，例如：自己有一位死忠粉絲叫做王小美，他是剛出社會的 23 歲女性職場新鮮人，興趣是逛街買衣服，喜歡下班後用網路追韓國偶像劇，喜歡的品牌是○○○等。

接著，再想像自己與這個觀眾相處時，可以感受到快樂、正向能量及自我成長的收穫，使自己內心湧出迫不及待想要與這個觀眾見面，並提供他想看到的直播內容。

◆ 創造正向直播風格，即可吸引認同自己的鐵粉

而當直播主能把假想客戶放在心上後，不僅會願意做出正向的直播內容，藉由「物以類聚」的吸引力法則，找到一群真心喜歡自己的觀眾，甚至偶爾不小心遭到酸民攻擊時，也能保持著一顆堅強的「鋼鐵心」，不會被湊熱鬧的酸民影響情緒。

因為直播主內心在乎的是自己設定的假想客戶、是被自己成功吸引的鐵粉，而不會在意玻璃心的少數酸民。久而久之，當酸民發現他們影響不了直播主時，就會自討沒趣的停止對直播主的酸言酸語了。

模仿不一定會成功！找到自己的特色並擴大

在網路世界中，常常須跟風談論或模仿當下的流行熱潮，但是，單靠模仿爆紅的人物，這些產生的粉絲，並不一定能為自己帶來穩定、長久的直播觀看人次。

因此，每個直播主應根據自己的個性、擅長的能力及想要製作的直播類型，來定位出最適合的直播風格及策略。

例如：身為分享知識為主的直播主，須具備較慢條斯理的口條，以及搭配襯衫、西裝等偏正式服裝，以帶給觀眾專業人士的形象；但若是吃播類型的直播主，可能會比較適合活潑的氣氛，以及較居家舒適的打扮，藉此帶給觀眾容易親近的形象等。

記住，模仿不一定會成功！多認識自己的長處與喜好，才能發展出適合自己，且專屬於自己的獨特風格，並在成功建立自己的直播特色後，持續努力擴大影響力，圈出更多死忠的粉絲。

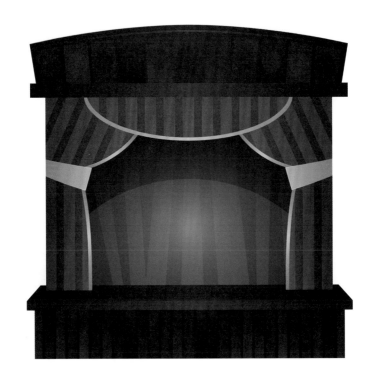

02

Action！開播啦！
打造成功直播節目

ACTION!
It's Broadcast!

Create a successful live streaming

直播內容及標題設計

LIVE STREAMING CONTENT AND TITLE DESIGN

Article. One

目前越來越多人加入直播的行列，使得直播主在競爭激烈的情況下，須提升直播節目的品質，打造出能夠抓住觀眾眼球的成功節目，以獲得更高的貼文觸及率。關於觸及率的詳細說明，請參考 P.72。

一個成功的直播節目，不僅要有清楚、吸睛的直播標題，還要有豐富優質的節目內容。以下將介紹常見的直播類型，以及設計直播標題的技巧。

直播類型介紹

可根據節目內容的不同，將直播分成娛樂型、遊戲實況型、銷售型、知識型、訪談型及版權直播。

直播內容及標題設計

01

02

直播標題設計須知

設定標題前，應先了解標題的位置、適當的文字長度，再使用吸睛詞語，以及避免演算法的地雷。

SECTION_01

直播類型介紹

目前網路直播的類型，可依照直播內容的不同，區分成娛樂型直播、遊戲實況型直播、銷售型直播、知識型直播、訪談型直播及版權直播。

娛樂型直播

直播主展現才藝或分享生活，以吸引網友互動。

遊戲實況型直播

直播玩家進行遊戲的即時影像，來吸引網友觀看及互動。

版權直播

單純以直播將資訊傳遞給觀眾，例如：體育賽事直播。

直播類型介紹

銷售型直播

以介紹、展示、拍賣、競標商品或服務為主。

訪談型直播

以兩人以上的對談形式為主。

知識型直播

以提供知識或教學為主，例如：説書直播。

CLOUMN 01　娛樂型直播

娛樂型直播又稱為秀場直播，這類型的直播內容，主要是透過直播主展現各式才藝，例如：唱歌、跳舞、演奏樂器、説笑話等，或是分享自己的生活點滴，例如：吃美食、旅行、曬寵物等，來吸引網友觀看及互動。

CLOUMN 02　遊戲實況型直播

遊戲實況型直播的內容，主要是透過直播玩家打遊戲的即時影像，來吸引網友觀看及互動。

遊戲實況型直播的魅力，在於能夠吸引同樣對電玩遊戲有興趣的愛好者，來互相學習破關技巧、互相交流遊戲心得，或單純一起觀看遊戲高手彼此過招，藉此獲得感官及社交需求上的滿足。

 ## 銷售型直播

銷售型直播又稱為行業直播，就是將直播和其他特定行業結合，把網路直播變成銷售自家商品或服務的管道。

例如：電商利用直播展示商品的試用過程、旅遊業者利用直播介紹熱門旅遊景點的特色等。

 ## 知識型直播

以提供知識或教學為主要內容的直播類型，例如：英語教學直播、說書直播等。

知識型直播能夠幫想學習新知的觀眾，省下自行閱讀、研究新知的時間；或讓觀眾以較有趣的方式吸收新知，使原本難懂的專業知識，變成能夠輕鬆學習的內容。

 ## 訪談型直播

在畫面上至少有兩位直播主，或一位直播主搭配至少一位來賓，以對談形式呈現直播的方式，就屬於訪談型直播。

訪談型直播的內容相當多元，可以是討論時事議題、多人遊戲競賽、挖掘名人來賓的故事，或商品的開箱試用等。

版權直播

單純以網路直播將資訊傳遞給觀眾的直播類型，例如：體育賽事直播、新聞直播，以及各式自製節目直播等。通常版權直播的內容，都是由傳統電視台製作及提供。

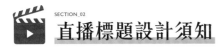

SECTION_02
直播標題設計須知

直播標題的最主要功能，就是吸引 Facebook 上被觸及的使用者，點閱並觀看直播節目的內容。

認識直播標題的位置

了解觀眾滑Facebook時，標題位於畫面何處，以及開直播時，須將標題輸入在哪個欄位。

使用吸睛的關鍵字

讓關鍵字吸引觀眾點閱直播節目，可參考「殺人標題生產器」的詞彙。

直播標題
設計須知

直播標題的建議長度

建議標題長度不要超過3行。

避開演算法地雷

標題不可含有仇恨言論、誘導性字眼，或涉及政治或宗教議題等。

認識直播標題的位置

在學習如何訂定直播標題前，應先了解觀眾在被直播觸及時看見的 Facebook 介面，並根據 Facebook 使用者介面設計的樣式，找出設計直播標題的技巧。

換句話説，直播主須知道觀眾在看直播時，標題會出現在畫面上的哪個位置、標題最多能顯示幾行字等細節，才有辦法設計出最能吸引觀眾目光的直播標題。

◆ 直播貼文畫面比較：主動觸及 VS 被動觸及

當觀眾是從 Facebook 上方或側邊欄位中的 ⊡（Watch）中進入直播頁面，就屬於 Facebook 的「主動觸及」，因為觀眾是自己主動進入直播頁面中觀看直播節目。

而當觀眾是從個人的動態消息，看見並進入直播，則屬於 Facebook 的「被動觸及」，因為觀眾是被動受 Facebook 演算法的運算影響，才看到直播節目。至於一般「提高 Facebook 觸及率」的説法，都是指提升被動觸及的方式。

◇ 電腦版 Facebook 畫面

觸及種類	主動觸及	被動觸及
畫面來源	Watch 的直播縮圖畫面。	個人動態上的直播縮圖畫面。
畫面參考	①代表直播畫面，②代表直播標題。	①代表直播畫面，②代表直播標題。

◇ 手機版 Facebook 畫面

觸及種類	主動觸及	被動觸及
畫面來源	Watch 的直播縮圖畫面。	個人動態上的直播縮圖畫面。
Android版 畫面參考		
iOS版 畫面參考		

①代表直播畫面，②代表直播標題。（Android版 主動觸及）

①代表直播畫面，②代表直播標題。（Android版 被動觸及）

①代表直播畫面，②代表直播標題。（iOS版 主動觸及）

①代表直播畫面，②代表直播標題。（iOS版 被動觸及）

◆ 進入直播的畫面比較：有標題及內文 VS 只有標題

　　如果直播主是使用電腦版 Facebook 開直播，會有標題及內文兩種欄位，可以自由輸入文字；如果直播主是使用手機版 Facebook 開直播，只有標題欄位可輸入文字。

◇ 觀眾用電腦看直播畫面

貼文形式差異	差異原因	觀眾畫面參考
有標題及內文	直播主使用電腦版 Facebook 開直播。	①代表直播標題，②代表內文，③代表直播主的置頂留言。
只有標題	直播主使用手機版 Facebook 開直播。	①的位置不會有粗體字標題，②代表直播標題，③代表直播主的置頂留言。

◇ 觀眾用手機看直播畫面

貼文形式 差異	有標題及內文	只有標題
差異原因	直播主使用電腦版 Facebook 開直播。	直播主使用手機版 Facebook 開直播。
Android版 觀眾畫面 參考	①代表內文，②代表直播主的置頂 留言，而直播標題是看不見的。	直播標題是看不見的；而下方是 直播主的置頂留言。
iOS版 觀眾畫面 參考	①代表內文，②代表直播主的置 頂留言，；而直播標是看不見的。	直播標題是看不見的；而下方是 直播主的置頂留言。

◆ 設定直播時，標題須輸入的位置

	標題須輸入的位置說明
電腦版 Facebook	 使用電腦版 Facebook 直播時，建議將標題輸入在「說明這段直播視訊」的欄位中。
手機版 Facebook	使用手機版 Facebook 直播時，須先點選「點按可新增說明」後，再輸入直播標題。

CLOUMN 02 **直播標題的建議長度**

◆ 建議標題不超過 3 行字

　　在 Facebook 上進行直播時，建議直播標題長度，盡量越精簡越好，最多不要超過 3 行字，且須在前 3 行字就呈現出直播內容的爆點。

　　原因是不論網友是使用電腦還是手機觀看直播，在 Facebook 直播貼文的縮圖畫面上，標題只會顯示出大約前 2 行字，剩下的字句在電腦版 Facebook 上會被「…」取代；而在手機版 Facebook 則會被「……查看更多」或「……顯示更多」取代。

因此，即使直播主輸入了一長串的文字當標題，對於隨手滑過動態的Facebook 使用者而言，除非標題能吸引他們點開來觀看直播，否則使用者可能只是迅速瀏覽標題後，就繼續觀看其他則動態貼文了。

◇ 標題太長的直播貼文畫面

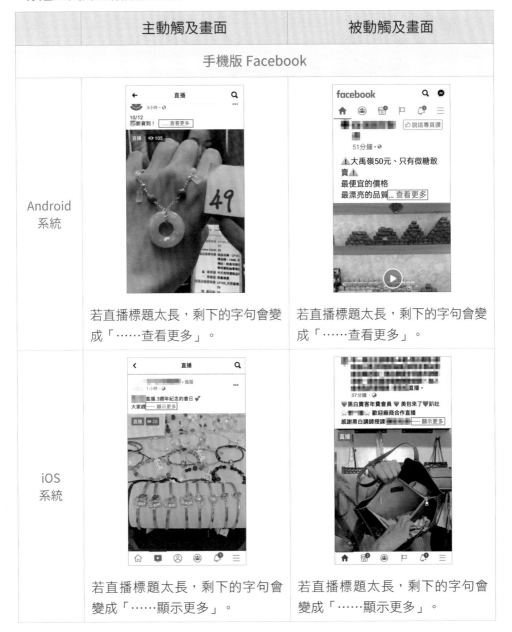

	主動觸及畫面	被動觸及畫面
手機版 Facebook		
Android 系統	若直播標題太長，剩下的字句會變成「……查看更多」。	若直播標題太長，剩下的字句會變成「……查看更多」。
iOS 系統	若直播標題太長，剩下的字句會變成「……顯示更多」。	若直播標題太長，剩下的字句會變成「……顯示更多」。

	主動觸及畫面	被動觸及畫面
電腦版 Facebook		
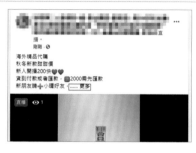	若直播標題太長，剩下的字句會變成「…」。	若直播標題太長，剩下的字句會變成「……更多」。

◆ **過長的標題易使觀眾失去耐心**

假設有使用者好奇點開標題瀏覽全文時，過長的文字內容也很容易讓人失去閱讀的耐心，甚至導致使用者直接放棄瀏覽，轉而尋找其他更令人感興趣的貼文內容。

以下將以 Android 手機版 Facebook 的主動觸及，對比標題不超過 3 行及超過 3 行的直播貼文畫面。

◇ 點開「……查看更多」前、後畫面對比

標題不超過 3 行	標題超過 3 行
點開「……查看更多」前	

點開「……查看更多」後，總字數不多，閱讀起來輕鬆無負擔。

點開「……查看更多」後，總字數太多，容易讓人失去閱讀的興趣。

» 善用置頂留言，來傳達細項須知給觀眾

如果直播主有重要的公告事項，希望讓每個進入直播的觀眾都看見，卻又受限於標題字數不宜過長的限制時，建議直播主可以善用 Facebook 的置頂留言功能，將標題寫不下，卻又很重要的公告內容，放在直播的置頂留言處。

如此一來，就能同時兼顧直播標題的精簡，以及維持發布重要事項讓觀眾知道的需求。

» 電腦版 Facebook 的置頂留言設定步驟

01

登入 Facebook 帳號，點選「直播視訊」。

02

進入設定直播的頁面，設定好要播出的位置。

03

輸入直播標題及內文。

04

點選「開始直播」，開始直播。

05

在直播的留言區輸入並發布留言。

06

點選「釘選」，將留言設定為置頂留言。

07

置頂留言設定完成。（註：直播主也可選擇釘選觀眾的留言，作為置頂留言。）

Android 手機版 Facebook 的置頂留言設定步驟如下。

01

登入自己的 Facebook 帳號，點選「直播」。

02

進入設定直播的頁面，點選「朋友·發佈貼文 ▼」。

03

進入選擇分享對象的頁面，設定好想要分享的對象，並點選「←」回到上一頁。

04

點選「點按可新增說明」。

05

進入新頁面,輸入直播標題,並點選「完成」回到上一頁。

06

點選「開始直播」。

07

開始直播,點選「♡」。

08

在直播的留言區輸入並發布留言。

09

長按留言幾秒。

11

置頂留言設定完成。（註：
直播主也可選擇釘選觀眾的
留言，作為置頂留言。）

10

出現小視窗，點選
「釘選留言」，將留
言設定為置頂留言。

» iOS 手機版 Facebook 的置頂留言設定步驟

01

登入自己的 Facebook
帳號，點選「直播」。

02

進入設定直播的頁面，
點選「👥 朋友 · 貼文 ▾」。

03

進入選擇分享對象的
頁面，設定好想要分
享 的 對 象，並 點 選
「╳」回到上一頁。

04

點選「點按可新增說
明」。

05

輸入直播標題。

06

點選「開始直播」。

07

將下方工具列往左滑。

08

點選「💬」。

09

在直播的留言區輸入
並發布留言。

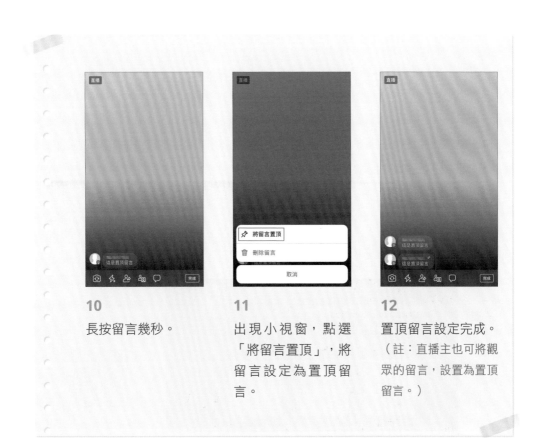

10

長按留言幾秒。

11

出現小視窗，點選
「將留言置頂」，將
留言設定為置頂留
言。

12

置頂留言設定完成。
（註：直播主也可將觀
眾的留言，設置為置頂
留言。）

CLOUMM 03 使用吸睛的關鍵字

　　直播標題是把觀眾吸引進直播的工具，因此直播主在設計標題時，應將
節目重點直接寫出來，如此才能讓 Facebook 使用者能夠一眼看見直播的亮
點，並選擇點閱和觀看直播。

　　一場直播的賣點可能是「有機會以低於市場價格的金額，獲得高單價、
高品質的商品」，例如：法拉利汽車 0 元起標；或是「只要留言分享直播貼
文，就能抽中大獎」，例如：抽 iPhone11 等。

» 可參考「殺人標題產生器」中的吸睛用詞

　　若直播主缺乏設計直播標題的靈感,可參考「殺人標題產生器」網站的句子,從中尋找並修改出適合自己直播的吸睛標題。

網站介面示意圖。

網站連結
QRcode

須避開演算法地雷

　　在設計適合的直播標題時,除了應滿足簡短及使用吸睛關鍵字的條件外,還須注意用詞不要踩到 Facebook 演算法的地雷,例如:關於政治或宗教的話題、含有仇恨言論,或是包含誘導觀眾互動的字眼,例如:讚、留言、分享、抽獎、追蹤等。關於演算法地雷的詳細說明,請參考 P.32。

Action！開播啦！打造成功的直播節目

直播製作及節奏掌握

LIVE STREAMING PRODUCTION AND RHYTHM CONTROL

Article. Two

　　如果只想隨性玩一場時長幾分鐘的直播，直播主可以直接按下直播鍵，然後開始即興談話或演出。但若要製作具有營利性質的直播節目，直播主就要在節目開播前，做好萬全的規劃及準備。

　　從直播的目標客群、獲利來源、成本花費、直播內容類型、直播的目標、整體直播流程及節奏規劃等，都是在直播節目開播前，直播主須先企劃好的方向及細節。

撰寫直播企劃書

撰寫直播企劃書時，須確定直播目的、製作類型、時間地點、人員分配等細節，並注意特定商品不能在網路銷售的法規。

直播製作及節奏掌握

01 　 02

直播腳本設計

設計直播腳本時，須規劃整場直播的內容架構，並遵循「先娛樂，再銷售」的原則。

SECTION_01
撰寫直播企劃書

　　撰寫完善的直播企劃書，是製作一場優質直播節目的根基。直播主在撰寫直播企劃書時，須先規劃好一場直播的基本雛形，包含決定直播內容的類型、

設定目標觀眾、決定直播的時間及地點、規劃整場直播的流程安排、列出須使用的設備器材、確認工作人員的分配，並將上述內容撰寫成直播企劃書。

確立開直播的目的

直播目的分為直播的動機，以及各場直播預計想達到的目標。

決定直播內容的類型

評估自己的能力及資源，選擇製作符合自身優勢及興趣的直播類型。

網路直播
不能拍賣的物品

網路上不能販賣聲稱有醫療功效的商品、沒審驗的3C的商品、所有酒類及盜版品等。

撰寫直播
企劃書及腳本

確認目的及製作類型後，就可開始寫企劃書及細節流程。

CLOUMN 01　確立開直播的目的

直播的目的可以分為兩種，第一種是決定做直播的動機，第二種是各場直播預計想達到的目標。

◆ 直播的動機

做直播的動機，也可稱為直播的核心價值，例如：希望可以透過直播分享自己喜歡的事物和經驗、想要透過做直播結交更多同行朋友等。

在討論如何製作一場好的直播前，直播主應先問自己：「為什麼我要做直播？除了賺錢之外，我做這件事的核心價值是什麼？」並不是賺錢不重要，而是當做直播只是為了錢的時候，很容易讓新手在初期耕耘時，就因看不見立即的成效而打退堂鼓，所以有明確的動機，比較容易堅持做下去。

◆ 直播預計想達到的目標

　　每場直播預計想達到的目標，可以是該場最高峰觀看人數、粉絲專頁的訂閱增加人數、直播帶來的商品下單量等。例如：希望能達到多少觀看人數、獲得多少總金額的訂單等。

決定直播內容的類型
CLOUMN 02

　　當直播主興起想要開直播的念頭時，須先決定自己想要製作什麼類型的直播，以及評估以自己當下的能力及資源，較適合或擅長製作什麼類型的直播內容。關於直播類型介紹的詳細說明，請參考 P.68。

　　舉例而言，若直播主具有亮眼的顏值及身材，同時又擁有令人驚豔的才藝表演能力，就較適合往娛樂型直播的方向製作內容；若直播主具有特定領域的專業知識，又懂得如何深入淺出的分享知識給一般大眾，則可能較適合往知識型直播的方向發展。

撰寫直播企劃書及腳本
CLOUMN 03

　　在確定自己做直播的動機，以及想要製作的直播類型後，就可開始撰寫企劃書，以及設計直播的細部流程，並撰寫成直播腳本。關於直播腳本設計的詳細說明，請參考 P.94。

　　直播企劃書的內容，須包括直播的標題及主題、訴求、目標觀眾群、預計播放的平台、日期、時間、總時長、須使用到的設備器材、工作人員的分工，以及預計銷售的商品或服務等。

◆ 直播企劃書範例

直播企劃書	
直播標題	總價值超過 50 萬大禮瘋狂送。
直播類型	銷售型直播。
直播目的	銷售、互動。
目標觀眾群	家庭客、團購族。
節目主持人	小梁。
播放平台	Facebook。
直播日期	××××年5月20日。
直播時間	18：00～20：00。
直播長度	2小時。
直播地點	××公司的倉庫。
使用設備器材	雙直播腳架、行動電源、雙頭補光燈、背景布、指向性麥克風。
工作人員分配	直播主、助理、導播、機動組。
銷售的商品或服務	○○○。

◆ 空白直播企劃書（請填入你的直播企劃內容，詳細說明請參考 P.90。）

直播企劃書	
直播標題	
直播類型	
直播目的	
目標觀眾群	
節目主持人	
播放平台	
直播日期	
直播時間	
直播長度	
直播地點	
使用設備器材	
工作人員分配	
銷售的商品或服務	

網路直播不能拍賣的物品

根據目前的台灣法律規定，有些商品不能隨意在網路上直播拍賣，否則會被罰上萬元的罰款，嚴重者甚至可能會被判入獄服刑。所以直播主在製作銷售型直播時，須注意經手商品的合法性，以免不慎觸法。

◆ **不能賣宣稱有醫療功效的商品**

藥事法規定，非藥商者不能在網路上販賣或廣告，具有療效的藥品及醫療器材，包括隱形眼鏡、老花眼鏡、保險套、衛生棉條、月亮杯、驗孕試紙、OK 繃、耳溫槍、血壓計、維他命、中藥包、痠痛貼布、醫用口罩、手工肥皂、面膜等。

◆ **不能賣沒經過審驗的 3C 商品**

電信法第六十七條規定：「有下列各款情形之一者，處新臺幣三萬元以上三十萬元以下罰鍰：……輸入或販賣未經審驗合格之電信終端設備者。」所以來路不明的手機或其他 3C 商品，不能在網路上直播銷售，否則可能遭到 3 ～ 30 萬元的罰鍰。

◆ **不能賣酒類商品**

菸酒管理法第三十條第一項規定：「酒之販賣或轉讓，不得以自動販賣機、郵購、電子購物或其他無法辨識購買者或受讓者年齡等方式為之……」且菸酒管理法第五十五條規定：「有下列各款情形之一者，處新臺幣一萬元以上五萬元以下罰鍰：……酒之販賣或轉讓違反第三十條第一項規定。」所以，不能在隨便在網路直播上販賣酒類商品，否則可能遭到 1 ～ 5 萬元的罰鍰。

◆ 不能賣山寨、盜版商品

商標法第九十六條規定：「未得證明標章權人同意，為行銷目的而於同一或類似之商品或服務，使用相同或近似於註冊證明標章之標章，有致相關消費者誤認誤信之虞者，處三年以下有期徒刑、拘役或科或併科新臺幣二十萬元以下罰金……。」

且商標法第九十七條規定：「明知他人所為之前二條商品而販賣，或意圖販賣而持有、陳列、輸出或輸入者，處一年以下有期徒刑、拘役或科或併科新臺幣五萬元以下罰金；透過電子媒體或網路方式為之者，亦同。」

而商標法第九十八條規定：「侵害商標權、證明標章權或團體商標權之物品或文書，不問屬於犯罪行為人與否，沒收之。」

簡單來說，要是在直播中，販賣仿冒品被警察抓到後，不僅商品會被沒收，甚至可能會遭到罰款或入獄服刑等懲處。

» 寧願將可疑商品當贈品送出或自用，也不要以身試法

如果直播主無法判斷自己手上的商品，到底能不能在網路直播中拍賣，除了可向專業法律人士諮詢外，最保險的方法就是先不要賣它。

直播主寧可將有疑慮的商品，當作贈品送給下單的客戶，或是留著自行使用，也不要冒險銷售，以免觸法遭罰，得不償失。

直播腳本設計

　　直播腳本就是一場直播的「節目表」，腳本上會註明直播的流程內容，包含整場直播大約會分成幾個段落、各個段落該進行什麼事項、各段落的時間規劃，以及須注意的備註事項等內容。

　　大部分受關注的直播節目，都是經過直播主精心策劃後，所製作而成。從開場的台詞、設定的主題內容、抽獎活動的規則及時機、商品介紹的呈現方式及出場順序、引導觀眾互動及下單的方法、背景音樂或畫面特效的選擇、直播頻率及地點的選擇、各個段落的時長安排等，都是直播主設計腳本時，須考量及規劃的項目。

規劃一場直播的內容架構

規劃直播中包含哪些段落，以及各段落的時間分配。

01

直播腳本設計

02

遵循「先娛樂，再開賣」原則

直播的內容架構中，應先娛樂觀眾，再販賣商品。

CLOUMN 01　規劃一場直播的內容架構

　　直播的內容架構，就是一場直播預計會包含哪些段落，例如：開場自我介紹、與觀眾互動並炒熱直播氣氛、玩抽獎遊戲、開始介紹商品的故事及賣點、引導觀眾下單購買、下次直播預告、結尾感謝及告別觀眾等段落。

　　在列出所有須播出的段落後，就可以規劃段落的先後順序，以及各個段落所占的時間分配等。

遵循「先娛樂,再開賣」原則

在規劃直播的內容架構時,應將娛樂觀眾的內容放在販賣商品之前,原因如下。

◆ 多數觀眾只想找樂子

因為大部分的 Facebook 使用者,是為了找樂子而點開直播,若他們想獲得樂趣的需求無法被滿足,觀眾就會離開直播。所以為了吸引並盡可能留住觀眾,直播主須在開場時,安排高趣味的娛樂性內容。

◆ 先建立觀眾的信任感,才有可能成交

◇ 透過互動建立信任

對進入直播、觀看直播的觀眾而言,畫面中的直播主通常是陌生人。在不熟悉眼前的對象前,因沒有信任感,觀眾其實很難願意掏錢,去購買直播主所推銷的商品或服務。

因此,直播主須先透過聊天、說故事等方法,與觀眾互動、搏感情,讓觀眾漸漸熟悉並信任畫面中的人物,直播主再推薦商品時,才有比較高的機會,獲得觀眾的認可及下單購買。

◇ 逐漸引導觀眾的注意力到商品上

簡單來說,直播主須透過娛樂內容,將觀眾的注意力,先從別處吸引至關注自己的直播氛圍;再透過互動,將觀眾的注意力轉移到自己身上,並培養關係、建立信任;最後運用導購的技巧,將觀眾的注意力,轉移到商品上,以此創造下單量及營收。關於商品導購眉角的詳細說明,請參考 P.152。

吸引觀眾注意力 ➡ 互動並培養關係 ➡ 銷售商品

直播腳本範例

直播主	小梁。
直播主題	總價值超過 50 萬大禮瘋狂送。
直播時間	××××年 5 月 20 日,18:00～20:00。
直播地點	×× 公司的倉庫。
預告文案	直播爆款新品,搭配 50 萬超值好禮大放送!關注並開啟直播提醒,××××年 5 月 20 日,18:00 準時開播!

時間安排	直播內容	注意事項
18:00～18:30	直播開場。	自我介紹台詞:「左看梁朝偉,右看梁赫群,大家好!我是小梁。」
18:30～19:00	抽獎遊戲。	觀眾須公開分享,才具有抽獎資格。
19:00～19:10	說與商品有關的故事。	吸引觀眾對商品的興趣。
19:10～19:50	介紹商品。	可當場開箱試用、凸顯直播價格優惠。
19:50～20:00	直播收尾。	預告下次直播時間、感謝觀眾捧場。

空白直播腳本(請填入你的直播腳本內容,詳細說明請參考 P.96。)

直播主	
直播主題	
直播時間	
直播地點	
預告文案	

時間安排	直播內容	注意事項

直播之前的宣傳

PROMOTION BEFORE LIVE STREAMING BROADCAST

Article. Three

有時候直播主會發現自己的直播觀看人數偏少，原因可能是有在追蹤直播主的粉絲，完全不知道直播主有開直播！

Facebook 雖然具有開直播後 10 分鐘內，陸續自動通知部分的追蹤者或好友，某位直播主正在開直播的功能，但仍有部分的粉絲及追蹤者，接收不到 Facebook 的系統通知。所以，比起只依賴 Facebook 的自動通知功能，直播主不如主動出擊，幫自己的直播節目進行宣傳。

在 Facebook 開直播前，可以運用發布直播預告貼文、在前一次直播中預告下次開播時間等方法，來宣傳自己的直播節目；也可以善用平時積極發文經營直播帳號、在直播前一天發布與粉絲熱烈互動的貼文等方法，來提高自己每次開直播的貼文觸及率。關於觸及率的詳細說明，請參考 P.72。

發布直播預告貼文

在正式開播前，發布預告貼文做宣傳。

直播預告下次播出時間

在前一次的直播中，宣布下次的直播時間。

其他有助於增加觸及率的方法

平時積極經營帳號或粉專，有助於增加直播的觸及率。

發布直播預告貼文

在 Facebook 單純以發布一般貼文的方式，向粉絲或好友宣傳下一場直播的日期及時間等資訊。

而除了發布一般預告貼文外，直播主還可以將經常捧場自己直播節目的鐵粉，創立專門的 VIP 粉絲群組，並利用群組發布直播預告的訊息。關於建立 VIP 粉絲群組的詳細說明，請參考 P.184。

發布直播預告貼文

01 直播預告貼文的建議形式

建議發布直播預告貼文時，一定要搭配圖片或影片，以提高預告貼文宣傳效果。

02 直播預告貼文的建議發布頻率

可根據直播主題的特殊程度，決定預告文的發布頻率。

03 大力分享直播預告貼文

積極轉發直播預告貼文，以觸及更多的Facebook使用者。

CLOUMN 01 直播預告貼文的建議形式

比起純文字的 Facebook 貼文，有搭配圖片或影片的貼文，更能夠吸引人觀看，因此建議直播主在發布直播預告貼文時，一定要搭配圖片或影片，以提高預告貼文的瀏覽人次及宣傳效果。

有搭配圖片或影片的直播預告貼文，才能吸引更多人觀看。

舉例來說，直播主可以在正式開播前幾天，發布歡迎大家記得準時收看直播的影片，作為直播預告貼文的內容；而在正式開播前幾小時，則可發布正在整理場地、器材等準備工作的照片，作為發布預告貼文的素材等。

◢ CLOUMN 02　直播預告貼文的建議發布頻率

直播主可以根據直播主題的特殊程度，決定預告文的發布頻率。例如：以銷售型直播為例，若直播內容是商家例行性的固定拍賣，則在開播前 1 天發布預告文即可。

但若是與其他商家合作的特殊直播場次，則可從 7 天前就開始大肆宣傳，並在 4 天前、3 天前、1 天前、12 小時前、6 小時前、3 小時前、1 小時前及 10 分鐘前等時間點，各分別發布一次直播預告貼文，以盡可能通知到所有的潛在消費者：「記得預留時間，來收看這場直播！」

◢ CLOUMN 03　大力分享直播預告貼文

在發布直播預告貼文後，記得用力轉發到自己的個人頁面、限時動態、自創的 VIP 粉絲群組及調性適合的社團等地方，讓自己身邊所有的親朋好友、粉絲、追蹤者等潛在的直播觀看客群，都收到自己即將進行直播的消息。

SECTION_02
▶ 直播預告下次播出時間

除了在 Facebook 上發布直播預告貼文外，直播主也可以利用每次直播結尾的時間，向正在觀看直播的觀眾們宣傳，自己下次開直播的日期及時間，藉此讓當下觀看直播的觀眾，以及事後觀看回放影片的觀眾，都能接收到下次直播的預告訊息。

» 若是以電腦版的 Facebook 開直播，可善用「直播排程」功能

目前電腦版的 Facebook，有開放「直播排程」的功能，使直播主可以在直播前 7 天至前 10 分鐘的時間點，預先設定並發布直播排程的預告貼文。

而直播排程的預告貼文，具有可以讓其他使用者點選的「提醒我」按鈕，只要按下「提醒我」按鈕，Facebook 系統就會在直播開始前，主動提醒對方直播即將開始。

因此，直播主如果是以電腦版的 Facebook 開直播，即可善用「直播排程」功能，作為另一項預告直播的宣傳方法。

直播主可以設定想要的直播排程時間。

直播排程的預告貼文，有提供「提醒我」的按鈕。

SECTION_03

其他有助於增加觸及率的方法

如果希望自己的直播節目能觸及到更多觀眾，就不能只依賴提早發布直播預告貼文，以及在其他場次的直播中預告下次開播時間等短期宣傳手法，而是平時要積極經營粉絲專頁或直播帳號，才能作為長期活化貼文觸及率的根本解方。

積極經營粉絲專頁或直播帳號的具體方法，就是要定時定量發布能引起粉絲互動的貼文，並時常變換貼文的形式及主題，使 Facebook 演算法認定自己的粉絲專頁或帳號是屬於有價值的活躍使用者，以獲得 Facebook 演算法中提高貼文觸及率的效益，進而帶動直播的觸及率和觀看率。

其他有助於增加觸及率的方法

01 **定時定量發布貼文**
定時定量發文，可以提高觸及率，並培養粉絲固定瀏覽的習慣。

02 **多變換貼文的形式**
輪流發布搭配圖片、影片或直播形式的貼文，以免粉絲感到厭煩、麻痺，並可提高觸及率。

03 **多變換貼文的主題**
可透過演算法，將貼文觸及到不同的同溫層使用者，藉此累積更多粉絲。

04 **貼文內容要能引起互動**
能引起互動的貼文，對於粉專是加分的。貼文如果沒有引起互動，則是「廢文」，對於演算法判定也是扣分的。

CLOUMN 01　定時定量發布貼文

◆ **讓固定貼文，成為觀眾生活中不可缺少的部分**

　　如果一個粉絲專頁或個人帳號，能夠在 Facebook 上定時定量產出貼文，則不只 Facebook 演算法會加分，貼文的觸及率會提高；連觀眾及粉絲也會因為直播主有固定發文的規律，而自動養成定時想要觀看直播主貼文的習慣。

當觀眾已經對收看同一個直播主的貼文養成習慣，並且只要直播主突然沒有規律的發文，還會引起觀眾的好奇，甚至留言說出：「突然少了○○○的貼文可以看，感覺好不習慣」的時候，直播主就已經成功攻占觀眾的心，圈到屬於自己的鐵粉了。

◆ 在貼文中，統一展現個人特色

另外，直播主應在每篇貼文裡，都稍微提及自己，或發布有自己在裡面的圖片、影片，且統一發文的風格、口吻等，以提高自己的曝光度，並建立自己的個人特色，使觀眾對直播主產生記憶點，並日漸累積粉絲的熟悉感及信任感。

▶ 多變換貼文的形式

CLOUMN 02

◆ 變換貼文形式，可增加觸及率

貼文的形式是指文字、照片、影片、直播等形式，且直播主最好能結合上述「定時定量」的原則，做到能規律變換貼文形式的社群經營方法，例如：星期一固定開直播、星期二固定發布圖片貼文、星期三固定發布影片貼文……等，以此類推。

當一個粉絲專頁或個人帳號，能輪流發布不同形式的貼文時，同樣能獲得 Facebook 演算法的加分，而使貼文觸及率增加。

◆ 變換貼文形式，可避免觀眾麻木無感

定時發文加上變換貼文類型，可使觀眾在養成瀏覽貼文的習慣時，不易因貼文過於單調重複，而感到厭膩或麻木無感。

多變換貼文的主題

　　Facebook 演算法會根據個人的 Facebook 使用習慣，判斷每個使用者偏好的貼文內容，再將相關主題的貼文，優先推薦到使用者的個人動態上。換句話說，如果一個使用者經常對毛小孩主題的貼文按讚、分享，則 Facebook 就會將含有毛小孩元素的貼文，優先顯示在這位使用者的個人動態上。

　　因此，如果直播主能將多數人喜愛的主題，製作成平時發布的貼文內容，例如：美食、寵物、旅遊、做公益等主題，就可以觸及到喜歡這項主題的同溫層使用者。

　　若直播主能變換多個不同的主題，作為貼文的發布內容，直播主就能打破既有的粉絲同溫層，並觸及到不同的客群，如此將有利於擴展自己的觀眾人數，以及自己的名氣與影響力。

貼文內容要能引起互動

　　最後，不管是發布什麼形式的貼文，都要記得設法引起粉絲或觀眾的互動，例如：按讚、按其他表情、留言、分享、私訊等，以再度獲得 Facebook 演算法的加分。關於演算法互動加分的詳細說明，請參考 P.31。

直播教戰祕笈 ★ LIVE SHOW TIPS ★

» 常見的貼文主題分類

抽獎類、商品開箱類、知識分享類

提供觀眾有價值的內容，以引起觀眾的互動。

心情類、生活類、熱點行銷類

藉由時勢跟風，或描述生活情境、抒發心情等社群內容，引起觀眾的
情感共鳴，並拉近與粉絲的距離。

口碑分享類

公開消費者給予的推薦及稱讚，以累積自己的良好口碑，建立足夠的
信任感，讓路人變觀眾、觀眾變鐵粉。

» 觀察其他直播主或平台的影音，尋找貼文主題的靈感

　　如果直播主想要尋找貼文主題的靈感，建議可以多觀察其他
直播主的貼文風格及主題，或者可以多參考其他平台的影片內容，
例如：TikTok、Youtube 等，作為發想直播路線的參考素材。關於
直播路線的詳細說明，請參考 P.141。

Action！開播啦！打造成功的直播節目

直播環境布置

Live Streaming Environment Layout

Article. Four

網路品質
先提早到場地試播，以確認網路訊號足夠穩定。

畫面品質
確認直播畫面的光線、背景、拍攝角度、對焦狀況及構圖等。

聲音品質
確認收音能讓觀眾聽得清楚，且不使用有版權的背景音樂。

SECTION_01
網路品質

　　在正式直播前，直播主須在直播地點提前先試播、走位一次，確保每個位置都能穩定收到網路訊號，以免在正式直播中，發生網路忽然斷線的問題。

　　在選擇直播用的網路上，建議最先考慮有線網路，因為有線網路的速度及訊號都是最穩定的；再次一等的選擇是非多人共享的無線 Wifi；再差一點的選項是 4G/5G 行動網路；最後則是有多人共享使用的無線 Wifi。

畫面品質

直播主應事先確認直播畫面的光線、背景、拍攝角度、對焦狀況及構圖等。

注意打光

包含光線須足夠明亮、須均勻照射被拍攝的人物，以及避免逆光拍攝。

注意直播的背景選擇

不同的直播背景環境，可營造不同的感受，進而影響觀眾對商品價值的認定。

注意直播的拍攝角度

直播拍攝的角度可分為平拍、俯拍及仰拍。

注意對焦

須避免穿著或陳設黑色的服裝背景，以免容易造成鏡頭失焦。

注意構圖

應將要給觀眾看見的物品，放在畫面的上方1/2處，以免被留言區擋住。

01
02
03
04
05

直播的畫面品質

CLOUMN 01　注意打光

在拍攝直播時，須注意畫面上的打光是否足夠明亮、均勻，以及須避免背光拍攝的狀況。關於直播建議的燈光設備的詳細說明，請參考 P.41。

◆ 光線須足夠明亮

　　在直播時，須確認直播畫面的光線足夠明亮，讓觀眾能夠清楚看見畫面中呈現的人或物。

　　若直播的畫面過亮或過暗，都會帶給觀眾不好的觀賞體驗，並容易造成觀眾離開直播的狀況。

◆ 光線須均勻照射被拍攝的人或物

　　當直播主發現拍攝現場的光源不足或不均勻時，須使用打光設備進行補光。

　　在打光時，除了須提高明亮度外，還須注意被拍攝的人或物，不可出現明顯的陰影，否則螢幕上呈現出的畫面會不夠美觀。

　　若直播主發現打光後，有陰影太重的問題，須針對陰影處再補光，或調整原本補光的角度，讓被拍攝的人或物能被光線均勻的照射，使畫面的呈現更加專業。

◆ 避免逆光拍攝

　　直播主在挑選拍攝的位置時，須避免在逆光的位置進行直播，否則在缺乏補光的條件下，就會讓直播主的臉在畫面上顯得特別黑、特別暗。

　　如果直播主不得不在逆光的環境下進行直播，須按照上述「光線須足夠明亮」及「光線須均勻照射被拍攝的人或物」的兩項原則，進行補光。

注意直播的背景選擇

　　不同的直播背景環境，可以營造出不同的直播感受，進而影響客人的觀感，以及對商品價值的判定。

◆ **背景須根據直播類型進行搭配**

　　以娛樂型直播為例，直播背景是為了輔助建立，直播主的個人風格，所以通常會選用能展現個人特色的背景；而以銷售型直播為例，直播背景是為了凸顯商品而存在，所以建議選擇純色、較淺色的背景。

◆ **避免使用過於雜亂或花俏的背景**

　　直播主應避免選擇太過花俏、和主打商品撞色的背景，或是避免在雜亂的環境進行直播，否則會難以在視覺上凸顯商品，還會容易讓觀眾認為商品價值較低，較難吸引人購買。

◆ **常見的直播背景介紹**

　　一般在銷售型直播中，常見的直播背景有以下幾種。

◇ **工廠倉庫**

　　若直播主是以工廠倉庫作為直播的背景，可以帶給觀眾「貨品量多齊全、有機會獲得超低價格優惠」等感受。

◇ **銷售店面**

　　若直播主是以銷售店面作為直播的背景，則不同店面的陳設風格，會帶給觀眾不同的感受，例如：街邊 10 元雜貨店的風格，會給人「價格低廉」的印象，而精品商店的風格，會給觀眾「精緻、高品質」的感受。

◇ **職人工作室**

　　若直播主是以職人工作室作為直播的背景，可以帶給觀眾「純手工製作、商品限量、主打客製化」等感受。

◦ 個人住家

若直播主是以個人住家作為直播的背景，建議將會在直播時入鏡的居家空間整理乾淨，或者直接選擇乾淨的牆面，以及架設背景布等方法，打造出一塊專門直播用的背景。

否則若直播主以雜亂的住家空間為直播的背景，容易帶給觀眾不良的印象，甚至會連帶影響觀眾，產生懷疑直播主所介紹的商品品質是否值得信賴、會不會是二手貨、會不會給了錢就不出貨等負面評價。

» **不用花大錢，就能搞定直播背景的秘訣**

新手剛開始直播時，可以將家中現有的床單、窗簾等大塊布料，垂掛在室內直播背景的位置，來取代專業的背景布設備。

如此一來，不僅能夠遮擋太過雜亂的實際環境或牆面花色，還可以暫時省下購買專業背景布的成本。等到直播中、後期，直播主有提升直播品質的需求後，再添購專業的相關背景設備。

CLOUMN 03 注意直播的拍攝角度

直播拍攝的角度可分為平拍、俯拍及仰拍。

◆ 平拍

在拍攝影像時，當攝影鏡頭和被拍攝對象的高度相當，使攝影機能以水平角度拍攝直播主，就稱為「平拍」。一般用行動裝置平拍直播主時，建議讓手機和直播主相距約 2～3 公尺拍攝。

平拍是網路直播中，最常見的拍攝角度，同時也是適合各類型直播的百搭拍攝方式。因為這種拍攝角度，是最接近普通人平時見面互動的真實視角，所以平拍可以帶給觀看直播的觀眾，一種和直播主面對面平等交流、對話的親切感。

◆ 俯拍

在拍攝影像時，當攝影鏡頭的位置比直播主更高，使攝影機以俯視角度，拍攝直播主，就稱為「俯拍」。

當直播主想在直播畫面中，完整露出較大件的商品，例如：連身長裙；或是想拍攝出較廣闊的背景時，例如：大自然的連綿山景，就可以使用俯拍方式進行直播，而知識型直播不建議俯拍，此角度會使權威性扣分。

◆ 仰拍

在拍攝影像時，當攝影鏡頭的位置比直播主更低，使攝影機以仰視角度，拍攝直播主，就稱為「仰拍」。

仰拍容易使畫面中的人、物變形，例如：使直播主的臉看起來變大、身材變胖，或是無法真實呈現商品的樣子。因此，除非直播主想要創造特殊的拍攝效果，否則不建議直播主使用仰拍角度，進行直播的拍攝。

CLOUMN 04 注意對焦

在直播過程中，須使攝影鏡頭，維持在對焦清楚的狀態。如果在直播時發生鏡頭無法對焦的狀況，直播主或其他相關工作人員，須盡速使鏡頭完成正確的對焦。

為了降低直播鏡頭失焦的狀況，直播主可以做出以下的準備及應對。

◆ 避免穿著黑色服裝，或使用黑色布景

若直播主是使用手機進行直播的錄製，則應避免穿著黑色的服裝，以及避免使用黑色的布景、道具。因為手機鏡頭在拍攝黑色物體時，容易找不到對焦點，導致鏡頭會一直不停的自動對焦，使得直播畫面模糊不清，而讓觀眾什麼都看不清楚。

» 解決不停自動對焦的方法：用手電筒照一下鏡頭

攝影鏡頭對黑色物品難以對焦的原因，是因為對鏡頭而言，一整片的黑色是缺乏遠、近、亮、暗等差異的目標物，才會難以對焦。

如果直播主此時用手電筒照一下攝影鏡頭，即可提供鏡頭判斷差異的資訊，並迅速找出合適的焦點，從而解決手機不停自動對焦的困擾。

CLOUMN 05 注意構圖

直播時，整個手機下半部的畫面都會被留言區蓋住，所以直播主能夠有效展示自己或商品的位置，就只剩整個畫面構圖的上半部約 1/2 的空間。

如果直播主將想要展示的物品，放在整體畫面下方 1/2 的位置，會導致觀眾根本無法從畫面上，看見直播主想要秀出的物品，而使直播的專業度大打折扣。

商品展示區

留言區

聲音品質

雖然在 Facebook 直播上，聲音不是最先吸引觀眾進入直播的因素，但當觀眾進入直播後，良好的收音品質才能提供觀眾舒服的觀看體驗。

直播的聲音品質

01 **注意收音要清楚**
要讓觀眾聽得見、也聽得懂直播主所説的話。

02 **注意使用音樂的版權**
須使用無版權或免費版權的音樂，作為Facebook 直播的背景配樂。

CLOUMN 01　注意收音要清楚

在聲音品質上，直播最基本的要求，就是要讓觀眾聽得見、也聽得懂直播主所説的一字一句。因此直播主不只需要具備良好的口語表達能力，還需要搭配適當的收音設備，才能讓觀眾更願意繼續聽直播主説話。

在收音設備方面，直播主可以使用耳機上的麥克風，也可以另外準備添購專業的麥克風。關於直播設備的詳細説明，請參考 P.41。

CLOUMN 02　注意使用音樂的版權

若直播主想要在 Facebook 直播中，播放背景音樂，則須使用無版權或免費版權的音樂，否則就會踩到 Facebook 演算法的地雷。關於演算法地雷的詳細説明，請參考 P.32。

克服鏡頭並開播

OVERCOME THE CAMERA AND START BROADCASTING

Article. Five

　　儘管如今想要開直播，已是隨手按下 Facebook 的直播鍵，就能輕而易舉做到的事。可是，大多數人對於開始直播後，應該怎麼進行直播，卻充滿許多疑惑，例如：不知道開場要說什麼話、不知道直播的內容要播什麼、不知道要怎麼吸引觀眾與自己互動等，甚至會害羞到不敢面對鏡頭。

　　因此，以下將介紹能夠幫助克服鏡頭的練習方法，以及在正式開直播時，直播主所須具備的技巧及心態。

克服鏡頭的練習
包含勇敢按下直播鍵、對鏡子練習說話、在一人私密社團練習開直播，以及常見的直播開場方法介紹。

實戰開播技巧
包含一開場就要說話、不要急著賣東西、專注在直播上、講錯不要慌、一本正經胡說八道、善用道具。

克服鏡頭的練習

新手直播主練習面對鏡頭的方法，包含：勇敢按下直播鍵、對鏡子練習說話、在一人私密社團練習開直播，以及熟悉常見的直播開場方法。

勇敢按下直播鍵

只要嘗試直播過一次，就會發現原本擔憂的情況，其實沒有那麼可怕。

在一人私密社團練習開直播

練習長時間盯著鏡頭說話，並透過回放檢視自己的表現。

對鏡子練習說話

適應一人獨自說話，並調整自己的表情及手勢。

熟悉常見的直播開場方法

包含自我介紹、打招呼、呼籲觀眾互動、簡介當天直播主題或須知規則等。

CLOUMN 01　勇敢按下直播鍵

◆ 看清阻礙自己嘗試直播的障礙

在直播風潮興盛的時代，相信大多數人多多少少都產生過「我也想開開看直播！」的念頭，但絕大部分的人都只停留在「想要」的階段，而沒有採取實際的行動，為什麼呢？

撇除懶散的藉口，有不少人都會遇到一些心理的障礙，例如：害怕自己直播出去的內容很尷尬、害怕自己開直播，結果都沒有人看等，這些種種的擔心就變成阻礙自己嘗試直播的絆腳石。

◆ **按下直播鍵，即可破除障礙**

　　若想要破除自己內心擔憂，最好的方法就是「直接勇敢按下直播鍵」！因為只要真的嘗試直播過一次，就會發現原本內心擔憂的情況，其實沒有那麼可怕，更多的是自己在嚇自己。

　　所以，當直播新手經過準備及練習後，就可鼓起勇氣，按下直播鍵，開始自己的第一場直播吧！

▰ COLUMN 02　對鏡子練習說話

　　有許多人平時私下與人聊天時，都能夠滔滔不絕的說個不停，可是一旦請他們站到鏡頭前直播時，這些人卻常常變得沉默、無話可說。

　　原因是大部分的人習慣和「活生生的人」互相對話，但直播比較像是對著「冷冰冰的攝影鏡頭」，獨自一人不停說話。所以建議想當直播主的新手，可以多練習對著鏡子說話，建議的理由如下。

◆ **可以適應一個人說話的狀況**

　　因為在直播時，直播主是透過鏡頭向觀眾說話，實際上完全看不見觀眾，只會看見手機或攝影機的鏡頭，所以為了及早適應一個人對著看不見觀眾說話的情況，會先建議新手面對鏡子，練習直播的口條及台風。

◆ **可以調整自己的表情及手勢**

　　雖然對著空氣講話，同樣可以在看不到真人觀眾的狀態下，練習一個人侃侃而談，可是如果有鏡子的輔助，新手就能在練習時，檢視自己說話當下的表情和手勢，並根據直播的需求加以調整。

CLOUMN 03 在一人私密社團練習開直播

　　當新手直播主已經透過對著鏡子練習的方法，調整好自己直播的心態及表演能力後，就可以開始面對鏡頭，練習直播。

　　面對鏡頭練習直播的方法，是在 Facebook 建立只有自己一個成員的私密社團，並將此社團當作自己的「直播練習室」，未來只要直播主想要練習，就在這個自創的私密社團中，開直播練習即可。

　　在一人私密社團練習直播的好處，包括：能夠練習盯著鏡頭說話、不必擔心自己練習的模樣被其他人看見，以及方便觀看直播回放，以進行檢討及改進。

◆ 能夠練習盯著鏡頭說話

　　　直播主在開直播說話時，須使自己的視線一直盯住攝影鏡頭，所以才需要面對鏡頭，來練習直播。如果直播主的眼神總是飄來飄去，會容易讓觀看直播的觀眾，產生缺乏被關注、被重視的感受，進而影響觀眾的互動參與度。

直播教戰祕笈
★ LIVE SHOW TIPS ★

》 在鏡頭附近黏貼小物，可幫助自己盯住鏡頭

　　如果有新手直播主認為，要長時間盯著鏡頭有難度，可以嘗試在鏡頭附近黏貼小物品，例如：小張貼紙、便利貼，或是用黏土黏貼一隻小公仔等，透過小物品來吸引自己目光的方向，以幫助自己能夠專注看向攝影鏡頭。

◆ 不必擔心被人看見自己練習的模樣

　　如果直播主選擇在自己的個人頁面練習直播，有可能會吸引到自己的好友觀看直播。所以當直播主希望可以練習直播，又不願意讓其他人看見自己練習的模樣，就可以選擇以建立私密社團的方法進行練習。

◆ 方便觀看直播回放，以進行檢討改進

　　在私密社團中進行直播後，可以將直播影片儲存起來，再花時間觀看自己的直播內容，以進行檢討及改進。

　　懂得回放及觀看自己的直播，並檢討改善，是很重要的步驟。試想：如果連自己都看不下去自己的直播，還有誰會願意看自己直播呢？

　　關於檢視自己直播狀態的詳細說明，請參考 P.178。

» 建立私密社團的步驟教學

　　以下為電腦版 Facebook 的建立私密社團的步驟教學。

01
先登入個人的 Facebook 帳戶，再點選「建立」。

02
出現下拉選單，點選「社團」。

03

進入建立社團的頁面，點選「選擇
隱私設定」。

04

出現下拉選單，點選「私密」。

05

完成私密設定，再點選「開放搜尋」。

06

出現下拉選單，點選「隱藏」。

07

完成隱藏設定，再點選「社團名稱」。

08

輸入自己喜歡的名稱。（註：此處以
「直播練習室」為例。）

09

點選「建立」，以建立私密社團。

10

建立社團後，可先點選「稍後繼續」。

11

點選「×」。

12

點選「確認」。

13

私密社團建立完成。

以下為 Android 手機版 Facebook 的建立私密社團的步驟教學。

01

登入 Facebook 帳號後，點選「三」。

02

進入功能表頁面，點選「社團」。

03

進入社團頁面，點選「建立」。

04

進入建立社團頁面，點選「替你的社團取個名字」。

05

輸入社團名稱。（註：此以「直播練習」為例。）

06

點選「完成」。

07

點選「選擇隱私設定」。

08

跳出選擇隱私設定的
視窗，點選「私密」。

09

點選「完成」。

10

跳出隱藏社團的欄位，
點選「開放搜尋」。

11

跳出隱藏社團的視窗，
點選「隱藏」。

12

點選「建立社團」。

13

自動跳至邀請成員的頁面,直接點選「完成」。

14

私密社團建立完成。

以下為 iOS 手機版 Facebook 的建立私密社團的步驟教學。

01

登入 Facebook 帳 號後,點選「三」。

02

進入功能表頁面,點選「社團」。

03

進入社團頁面,點選「建立」。

04

進入建立社團頁面，
點選「替你的社團取
個名字」。

05

輸入社團名稱。（註：
此以「直播練習 2」為
例。）

06

點選「完成」。

07

點選「選擇隱私設定」。

08

跳出選擇隱私設定的
視窗，點選「私密」。

09

點選「完成」。

10

跳出隱藏社團的欄位，
點選「開放搜尋」。

11

跳出隱藏社團的視窗，
點選「隱藏」。

12

點選「建立社團」。

13

自動跳至邀請成員的
頁面，直接點選「完
成」。

14

私密社團建立完成。

» 在私密社團開直播的步驟教學

以下為電腦版 Facebook 在私密社團，開直播的步驟教學方法。

01

先登入個人的 Facebook 帳戶，再點選「社團」。

02

進入社團頁，點選自己的一人私密社團，進入私密社團。（註：此處以「直播練習室」為例。）

03

點選「你在想些什麼？」。

04

進入建立貼文的頁面，點選「…」。

05

進入新增到貼文的頁面，點選「直播視訊」。

06

進入設定直播的畫面，只要點選「開始直播」，即可開始練習直播。

以下為 Android 手機版 Facebook 在私密社團，開直播的步驟教學方法。

01

先進入私密社團，點選「直播」。

02

進入設定直播的頁面，點選「點按可新增說明」。

03

進入輸入標題的頁面，並輸入標題。（註：此處以「輸入標題」為例。）

04

點選「完成」。

05

點選「開始直播」，即可開始直播。

以下為 iOS 手機版 Facebook 在私密社團，開直播的步驟教學方法。

01

先進入私密社團，並用手往上滑動頁面。

02

點選「直播」。

03

進入設定直播的頁面，點選「點按可新增說明」。

04

進入輸入標題的頁面，並輸入標題。（註：此處以「輸入標題」為例。）

05

點選「完成」。

06

點選「開始直播」，即可開始直播。

常見的直播開場方法介紹

CLOUMN 04

為了避免開始直播後，因為不知道該說什麼，而對著鏡頭沉默發愣的狀況發生，以下將介紹幾種常見的直播開場方法，提供給新手直播主參考。

◆ 自我介紹

在直播的一開始，直播主可以向觀眾自我介紹，讓觀眾先認識自己。

自我介紹影片
QRcode

建議直播主為自己設想唸起來順口、同時又方便記憶的自我介紹台詞，以加深觀眾對直播主的印象。例如：「左看梁朝偉，右看梁赫群，大家好！我是小梁。」

◆ 向觀眾打招呼

直播開始後，如果觀眾還沒進場，可以先用較普遍通用的招呼語向觀眾問好，例如：「早安」、「觀眾朋友，大家好」等；如果直播主已經看見有人進到直播中，則可以直接說出進場觀眾的名字，並表達出自己歡迎對方的態度，例如：「○○○你好，歡迎你來到我的直播……。」

向觀眾打招呼
影片 QRcode

另外，當直播主看見自己認識的 Facebook 好友，進入直播時，可以向他按打招呼的揮手鍵，以增加自己與觀眾的互動；而當經常觀看自己直播的粉絲，進入直播時，可以向他多寒暄幾句，例如：「欸，某某某，你又來看我直播囉？謝謝你這麼捧我的場啊！」

直播主對粉絲給予更多的招呼，不僅可以讓舊鐵粉覺得自己有被重視，也可以讓其他看到這個場景的新觀眾，在他們心裡建立「這個直播主好有人情味！」的良好印象，使新觀眾被自己慢慢圈粉。

◆ **不斷呼籲觀眾按讚、留言、分享**

為了提高自己的直播貼文觸及率，直播主在開設直播後，要不斷且積極的請觀眾按讚、刷留言，以及將直播分享到其他社團或個人動態上。

不斷呼籲觀眾按讚、留言、分享影片 QRcode

例如：「請大家幫我在直播右下角按讚、愛心或笑臉，在左下角按分享，把這個直播分享到你的個人頁，或是社團頁。按讚或分享完的人，請在下方幫我留言刷關鍵字：『已按讚已分享』！」

直播教戰祕笈
★ LIVE SHOW TIPS ★

» **建議直播主親自示範，如何分享到社團頁**

如果直播主希望觀眾幫忙將自己的直播分享到適合的社團頁，則建議直播主在呼籲分享時，須同時在鏡頭前親自拿手機示範如何分享，讓觀眾能跟著一步一步操作。

如此一來，不僅能夠提升觀眾跟著操作、分享的意願，還可以避免觀眾將直播貼文，分享到不適合的社團裡，例如：疑似色情的社團等。

◆ **呼籲觀眾追蹤自己**

不論直播主是使用個人帳號、社團或粉絲專頁開直播，都可以呼籲觀眾追蹤自己，以增加觀眾未來被直播觸及的機會。

呼籲觀眾追蹤自己影片 QRcode

如果直播主是在個人頁開直播，則可以請觀眾加好友或追蹤；如果直播主是用粉絲專頁開直播，則可以請觀眾按讚粉絲專頁，並設定為「搶先看」，才不會錯過自己的每場直播。

◆ 簡介直播的主題、流程

直播主在直播剛開始時，可以先向觀眾介紹今天直播的主題及大致流程，讓收看直播的觀眾可以迅速得知，當下這一場直播的重點是什麼。

直播主可以先帶觀眾參觀直播的環境，或用鏡頭快速掃過重點商品，以及抽獎的獎品等，吊一下觀眾的胃口。

簡介直播的主題、流程影片 QRcode

◆ 講解抽獎、競標或下單等遊戲規則

如果直播主有預計在直播中玩抽獎遊戲，可以在剛開場時，向觀眾宣布晚一點會有抽獎活動，請觀眾不要太早離開直播，並先講解遊戲規則。關於玩抽獎遊戲的適當時機的詳細說明，請參考 P.170。

講解下單規則影片 QRcode

此外，銷售型直播的直播主，也可以在直播開場時，重新說明下單及競標的規則，讓新來的觀眾或不願意自己看文字規則的觀眾，盡快了解賣家訂定的條件。

直播教戰祕笈
★ LIVE SHOW TIPS ★

» **直播開場的方法可不斷反覆使用**

在直播的開場時，不論直播主使用了哪些方法，都可以不斷的反覆說明及呼籲。

因為開直播時，隨時都可能有新觀眾進場，所以不論直播主先前已重複相同的台詞多少遍，對剛進入直播的觀眾而言，每句台詞都是新鮮的。

SECTION_02

實戰開播技巧

　　經過對著鏡子說話,以及在一人私密社團開直播練習後,直播主可開始挑戰對外正式進行直播。而在正式直播時,可以運用以下的技巧,使自己的直播過程更有趣、更順利。

一開場就要說話

開直播時,只要一按下直播鍵,直播主就得開始說話。

不要急著賣東西,先建立關係

太早開賣不僅觀眾人數不夠多,且會帶給觀眾強迫推銷的負面觀感。

不要一直注意人數,專注在直播上

直播主的情緒如果容易跟著人數變動而起伏,建議專注於直播上,以免表現失常。

講錯不要慌,當成互動哏

用幽默感化解失誤,不僅能避免尷尬,還能引發觀眾留言互動。

一本正經的胡說八道,反而人家想聽

用正經的態度胡說八道,可創造趣味的反差感,讓人願意持續聽下去。

善用道具,增加直播的質感及趣味

運用不同的道具,以強化不同情境的氣氛。

一開場就要說話

只要一按下直播鍵，直播主就得開始說話，否則如果讓無意間點進直播的觀眾看見直播主發呆的畫面，不僅會帶給觀眾「這個直播主不專業」的印象外，還會容易讓觀眾覺得節目內容沒看頭，導致潛在觀眾流失。

不要急著賣東西，先建立關係

◆ **觀眾還沒進入直播，不會有人下單**

製作銷售型直播時，直播主千萬不要一開直播就急著賣東西。原因之一是，剛開直播時，大部分的觀眾都還沒有被 Facebook 通知，也還沒有進入直播。而當潛在消費者還沒聚集前，直播主就算講破喉嚨，也不會有人下單。

◆ **急著銷售，易使觀眾失去觀看的慾望**

原因之二，直播主如果太快進入拍賣的環節，會帶給觀眾強迫推銷的負面觀感。畢竟大部分的人看 Facebook 直播的目的只是想要找樂子，如果直播主無法先滿足觀眾想要「能夠看得開心」的需求，觀眾就會離開，並去尋找其他的直播影片。

◆ **先透過互動建立觀眾的信任，較容易成交**

如果能先花時間陪觀眾聊天、搞笑，就能吸引觀眾願意陪伴自己，俗話說「見面三分情」，觀眾看一個直播主久了以後，就比較容易對直播主產生信任感，並願意與直播主互動。

當觀眾及直播主間的關係建立起來後，再開始介紹與推薦商品，就比較能被觀眾接受，甚至願意掏錢買單。關於商品導購眉角的詳細說明，請參考 P.152。

不要一直注意人數，專注在直播上

CLOUMN 03

有些直播主在正式直播時，心情很容易隨著觀看人數的變化而起伏不定，甚至會讓負面情緒影響自己的直播表現。

如果新手直播主容易因人數變動影響情緒，建議直播主要專心直播，並可用小張貼紙，將畫面上的觀看人數遮住，以幫助自己完全專注在主持直播內容上，並與觀眾進行互動。

講錯不要慌，當成互動哏

CLOUMN 04

如果在直播過程中，不小心忘詞、講錯話，千萬不要因為慌張，而打亂自己的直播節奏。

面對這種時刻，直播主可以說：「唉呀！我剛剛是故意說錯話，測試你們有沒有在專心看直播啦！」直播主若能適時用幽默感化解失誤，不僅能避免尷尬，還能使觀眾會心一笑，順便引發觀眾的留言吐槽，創造彼此的互動。

一本正經的胡說八道，反而人家想聽

CLOUMN 05

有時在直播中，一本正經的胡說八道，反而能創造趣味的反差感，使觀眾能從中獲得娛樂。

一本正經的胡說八道影片
QRcode

例如：在公共場合直播時，明明直播主一直用手機拍攝美女路人的背影，嘴巴卻一直故意說自己是正人君子，眼睛絕對沒在看美女，如果觀眾自己「思想邪惡」，千萬不可以錯怪自己等，以藉此博得觀眾各種吐槽的留言互動。

善用道具，增加直播的質感及趣味

CLOUMN 06

一場直播的總時長可能長達 1 ～ 2 小時，因此直播主除了說話外，還可以嘗試在直播中，運用不同的道具，幫助自己強化不同情境的氣氛。

◆ 計時器

在限時促銷或留言抽獎的環節，直播主可以用計時器倒數時間，並用較急促的聲音，催促觀眾抓緊時間下單或取得抽獎資格，以創造「再不行動就會後悔」的緊張氣氛。

使用計時器
影片 QRcode

◆ 槌子

在主持競價拍賣時，直播主可以準備槌子敲打桌面，創造節目的綜藝感。

使用槌子影片
QRcode

◆ 音效卡

音效卡也稱為變聲器，是一種能夠使直播主說話的聲線，變得更有磁性、更有質感的法寶，同時它也具有播放罐頭掌聲、罐頭笑聲等音效的功能。若直播主能在直播中善用音效卡，不但能使觀眾獲得更有品質的聽覺享受，還能適時透過播放音效，來創造歡樂的氣氛。

 直播主可參考的內容分享方向

只要是合法且不違反 Facebook 社群守則的內容，基本上直播主都能在直播中介紹或談論。一般直播常見的內容分享方向或主題，包含介紹品牌故事、跟風新聞時事、趣味有哏的互動，以及真情動人的告白等，有機會引起互動量的內容。關於直播路線規劃的詳細說明，請參考 P.141。

可參考的直播結尾方法

在直播接近尾聲時，直播主可以選擇誠心感謝陪伴自己到最後的觀眾、再次呼籲有留言下單的觀眾，記得付款結單、預告下次直播的時間、再次呼籲觀眾要記得對自己按讚、追蹤、搶先看等，或是與留言的觀眾持續互動等。

直播結尾方法
影片 QRcode

Action！開播啦！打造成功的直播節目

解析直播現場

ANALYZE THE LIVE STREAMING BROADCAST

Article. Six

在直播節目中，有時可以看見觀眾不停的刷關鍵字，有時可以看見畫面上出現跑馬燈的特效，關於上述的直播節目現象，以下將分別解析說明。

觀眾留言的重要性

可使直播顯示在動態消息較上方的位置，並增加直播貼文的互動頻率和觸及率。

為什麼有些直播台有跑馬燈、動畫影片等特效？

只要使用直播串流軟體搭配電腦進行直播，就能製作特效。

SECTION_01

觀眾留言的重要性

在直播中，為什麼請觀眾留言很重要？而又該如何增加自己直播的留言數量呢？

留言可幫助直播，
顯示在動態較上方

可增加觸及率，使
直播更容易被觀眾
看見。

觀眾留言
的重要性

增加留言的方法

包含找暗樁先留言，
以帶動真留言，以及
請觀眾刷留言。

 ## 留言可幫助直播，顯示在動態較上方

在電腦版 Facebook Watch 的直播頁面上，直播影片由上到下的分類排序為：個人有追蹤訂閱的粉絲專頁的直播、熱門直播視訊、電玩遊戲直播等。而根據 Facebook 演算法，互動越多的直播，越容易被顯示在該分類的較上方，也越有機會被使用者看見。

因此，直播主才會經常請觀眾，在留言區不停的刷關鍵字，以增加直播貼文的互動頻率和觸及率，進而提高節目被觀眾看見的機會。

增加留言的方法

想要增加直播留言的方法有兩種，一種是找暗樁先留言，再帶動真留言；另一種是呼籲觀眾留言互動，讓觀眾自己刷留言。

◆ 找暗樁直接留言

此處的暗樁，可以是自己認識的親朋好友，也可以是自己建立的分身帳號。

在直播初期，大部分的直播主都需要靠暗樁的留言，來幫忙衝高自己的互動率和貼文觸及率，直到吸引到夠多的真實觀眾來觀看及留言後，即可選擇減少使用暗樁留言的方法。

◆ 請觀眾刷留言

直播主可以透過打招呼、向觀眾提問、回應觀眾的留言、玩抽獎遊戲等方式，不斷呼籲觀眾留言互動。關於請觀眾刷留言的注意事項的詳細說明，請參考 P.34。

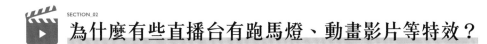

SECTION_02
為什麼有些直播台有跑馬燈、動畫影片等特效？

在 Facebook 直播上，有些節目只有最陽春的手機拍攝畫面，有些節目畫面上，卻有跑馬燈、品牌 Logo、標題字卡等特效。

其實，只要使用直播串流軟體，例如：OBS，搭配電腦進行直播，就能在直播畫面上，製作不同的特效。關於 OBS 教學的詳細說明，請參考 P.273。

Action！開播啦！打造成功的直播節目

直播中的危機處理

Crisis Management in Live Streaming Broadcast

直播時，可能會遇到觀看人數太少、酸民故意留負面言論、有觀眾下單後卻棄單等危機狀況，此時可參考以下方法，做出適當的危機處理。

觀看人數太少怎麼辦？

要珍惜每個觀眾、可以嘗試重開直播，以及檢討並改善直播內容。

如何預防Facebook「吃字」？

隨時更新Facebook的版本，並請觀眾多留言幾次。

直播中的危機處理

酸民一直酸怎麼辦？

對酸言酸語視而不見，並轉換心境，想像對方在幫忙增加觸及率。

有觀眾棄單怎麼辦？

先確認是否為忘記付款，若確認是棄單，可積極尋找下一個買家，並製作不公開的消費者黑名單。

SECTION_01
觀看人數太少，怎麼辦？

當直播的觀眾人數很少，可以嘗試以下的應對做法。

在直播初期，珍惜每個觀眾

真心珍惜每個觀眾並與他們互動，以培養忠實粉絲。

在直播中期，可花錢購買觀看人數

善用人的從眾心理，以購買人數衝高觀看人數，達到吸引更多人觀看的目的，切勿初期就購買，因假人100人+真人1人=沒人。

若觀眾人數比平時少很多，可重開直播

刻意中斷直播，並隔一段時間後再重播，藉此累積兩批系統通知的觀眾。

邀請其他直播主合作，共同直播

將自己的粉絲互相導流給對方，以增加雙方直播主的觀看人數。

自行發展多元直播路線，廣納不同客群

用多種直播主題，吸引不同興趣的觀眾，並讓觀眾期待每次的直播路線為何。

檢討原因，改善直播內容

重看自己的直播影片，檢討內容哪裡可以做得更好。

CLOUMN 01 在直播初期，珍惜每個觀眾

當新手剛開始從事直播時，觀眾人數本來就不可能一下子增多，只能靠時間慢慢累積。此時，直播主須帶著感恩的心，真心珍惜每個願意花時間看自己直播的觀眾，多關心他們並與他們互動，藉此培養忠實粉絲。

直播主千萬不可在直播現場，開口抱怨為什麼觀看人數很少，這樣不僅會讓觀眾覺得直播主太過負能量，而且還把直播焦點放在「人數不夠多」的抱怨上，沒有專心陪伴此時正在收看直播的觀眾身上。

CLOUMN 02 在直播中期，可花錢購買觀看人數

大部分的人都具有從眾的心理，導致觀眾會偏好先點進觀看人數較多的直播進行觀看。所以在直播中期，如果直播主有足夠的預算可以使用，可嘗試花錢購買觀看人數，以營造自己直播很熱門的態勢。但不建議在直播初期買人數，因會使假觀眾人數過多。

須注意的是，建議直播主的購買人數，最多和自己當下所擁有真實觀眾人數相當就好，例如：自己的直播真實觀眾數大約 50 人，則最多再購買 50 人左右即可。因為如果一次購買太多的「假觀眾」，會使真實的留言互動量，與觀看總人數的數字落差太大，而容易被拆穿自己有花錢買觀眾的事實。

CLOUMN 03 若觀眾人數比平時少很多，可重開直播

當直播時間超過 20 分鐘後，觀看人數比平時直播少很多，直播主可以直接切掉直播，並隔一小段時間後再次重播。

因為 Facebook 每次直播都會有 10 分鐘的系統通知時間，且前後兩次開直播通知到的觀眾群可能是不同群，因此可以累積兩批系統通知來的觀眾，而增加直播觀眾的總人數。

直播主在重開直播後，可用「網路突然斷線」或「Facebook 剛剛出現故障，留言一直被吃字」等理由，向觀眾解釋為何會突然重開直播，以獲得觀眾的諒解，但是此招別過度使用，以免引起負面觀感。

CLOUMN 04 邀請其他直播主合作，共同直播

當直播主發現自己的觀眾人數的成長開始停滯時，可以考慮邀請其他直播主共同合作，互相到對方的直播場中露面、一起主持幾次直播，讓 A 直播主的粉絲能夠認識、追蹤 B 直播主，而 B 直播主的粉絲也可以認識、追蹤 A 直播主，藉此提升雙方直播主的觀眾及粉絲人數，並打破觀眾人數停滯的僵局。

自行發展多元直播路線，廣納不同客群

CLOUMN 05

◆ 多元直播主題，可吸引不同觀眾群

　　建議直播主可以自行選擇 3 ～ 5 種路線進行直播，例如：同一個直播主，可以有時直播拍賣女裝、有時直播吃美食、有時直播分享自己的專業知識或人生故事等，以吸引不同偏好的客群成為自己的觀眾及粉絲。

◆ 只固定直播特定主題，易被觀眾貼標籤

　　若一個直播主每次開直播都只局限一種直播內容，例如：每次直播都是在賣女裝，時間久後，觀眾容易麻木、缺乏驚喜感，因為只要接到 Facebook 的系統通知，觀眾心底就會冒出「某某某又開始賣衣服了」的聯想。

　　當直播主被觀眾貼上「只會賣衣服」的標籤後，如果觀眾當下沒有想要購物的需求，可能就不會前往觀看直播。但若直播主本身具有多樣化的直播路線，觀眾就會因為好奇「這次直播的內容是什麼」，而提升觀看直播的意願。

直播教戰祕笈
★ LIVE SHOW TIPS ★

》可參考的直播路線有哪些？

　　基本上只要是合法且不觸犯 Facebook 演算法地雷的內容，都可作為直播的路線。

　　例如：樂透集資、新品開箱、大型活動現場、社會議題現場、鬼屋探險、股市分析、幫人算命、玩塔羅牌、遊戲實況、玩娃娃機，或體驗搭乘跑車、遊艇、直升機等，任何可能引起大眾好奇的題材，皆可進行直播。

檢討原因，改善直播內容

　　觀眾人數多寡，是直接檢視節目內容足不足夠吸引人的指標。當直播主發現願意觀看自己直播的人不多，就應該重看自己的影片，好好檢討自己哪裡可以做得更好，並再接再厲，做出更合觀眾口味的節目內容。關於檢視本次直播狀態的詳細說明，請參考 P.178。

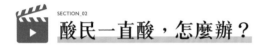

SECTION_02
酸民一直酸，怎麼辦？

　　在直播過程中，若遇到來者不善的酸民，一直在留言區發布無理的批評、謾罵，直播主可以參考以下做法。

 面對酸言酸語，假裝視而不見
千萬不要在直播中情緒失控，會毀掉辛苦經營的形象。

 轉換心境，酸民的留言可以增加觸及率
轉換心情後，以平常心繼續主持直播。

 面對酸言酸語，假裝視而不見

　　直播主遇到有理的建議，可虛心接受指教，並改善自己做得不夠好的地方；但若是遇到酸民無理取鬧、隨意批評，則可視而不見。千萬不要因為酸民的留言挑釁，而在直播中情緒失控，這麼做會毀掉自己辛苦經營出的螢幕形象。

　　若有觀眾疑惑直播主為何不理會酸民的評論，直播主可以回覆說：「我沒看到他的留言欸？可能是被臉書吃字了吧？不好意思！」把 Facebook 系統會把留言吃掉的故障問題，作為合理的應對說法。關於 Facebook 留言吃字的詳細說明，請參考 P.144。

CLOUMN 02 轉換心境，酸民的留言可以增加觸及率

通常直播主採取不理會酸民留言的策略，就會讓他們自討沒趣的不再留言。但若遇到固執的酸民，比鐵粉還更死忠的在自己每場直播下搗亂，該怎麼辦？

此時，除了繼續採取視而不見的方式外，直播主還可以把酸民的留言，想成是他們在幫自己刷留言、幫自己增加貼文觸及率，藉此轉換心境，使自己保持平常心，主持好當下的直播節目。

SECTION_03
有觀眾棄單，怎麼辦？

當直播結束後，發生已下單的觀眾反悔下單，而拒絕付款取貨時，直播主可以這樣處理。

確認消費者是棄單，還是忘記付款
提醒消費者記得付款，否則將會失去購買資格。

盡快幫商品找到下一個買家
可透過下一次直播或VIP粉絲群組詢問，將棄單的商品售出。

可拒絕服務有多次棄單記錄的消費者
可自訂消費者規範，累犯者就拒絕接受對方的訂單。

CLOUMN 01 確認消費者是棄單，還是忘記付款

當直播主沒有在預定時間內收到消費者的付款時，第一時間可先聯絡下單的消費者，確認消費者是單純忘記付款時限，還是真的打算反悔棄單。

若有觀眾下單且經過多次提醒後，仍遲遲不付款又不回覆訊息，此時直播主可以直接判定消費者已棄單，並通知對方已失去購買的資格。

143

盡快幫商品找到下一個買家

若真的遇到消費者棄單，與其浪費時間發脾氣，不如幫被棄單的商品找到下一個願意購買的消費者。

如果被棄單的商品是可以久放的品項，例如：服飾，直播主則可以把商品留到下一場直播再賣出；如果是較無法存放的品項，例如：生鮮海產，直播主可以馬上在自己的 VIP 粉絲群組，發布貼文尋求新買家，以求盡早售出。關於 VIP 粉絲群組的詳細說明，請參考 P.184。

 ## 可拒絕服務有多次棄單記錄的消費者

若直播主多次慘遭特定消費者反悔棄單，則可考慮訂定「奧客規範」，例如：若同一個帳號累積超過 3 次棄單記錄，就會將這個帳號列入自己製作的黑名單，並且永久取消這個帳號下訂單的權益。

SECTION_04
如何預防 Facebook「吃字」？

有時 Facebook 系統會故障，導致直播時，沒辦法看見所有觀眾的留言，甚至是整個留言區莫名消失，這類情形通常會被稱為「吃字」。想要預防 Facebook 系統吃字，或是盡量避免 Facebook 吃字造成的困擾，可以參考以下做法。

 ### 每次直播前，先更新一次Facebook
養成直播前都更新一次Facebook的習慣，可降低留言被吃掉的可能性。

 ### 可請觀眾重複輸入相同留言
請觀眾重複留言，較可避免直播主沒看到留言的情形。

每次直播前，先更新一次 Facebook

Facebook 經常不定期的進行系統更新，而吃字問題發生的原因，很可能是使用者太久沒有更新 Facebook 所導致。因此，直播主若能養成每次開直播前都先更新一次 Facebook 的習慣，就可降低留言被吃掉的可能性。

可請觀眾重複輸入相同留言

直播主可以告訴觀眾，如果害怕自己的留言，被 Facebook 系統吃掉，導致失去競標商品或參加抽獎的資格，建議大家可以重複輸入相同的留言，例如：重複留言「+1」，以增加留言被直播主看到的機會。

直播中的 NG 行為

NG Behavior in Live Streaming Broadcast

Article. Eight

以下總結幾項新手容易在直播中犯下的 NG 行為，並提供直播主較正確的觀念及方法。

開場只會說哈囉，然後發呆

停止說話會打斷觀眾原本沉浸在娛樂中的觀看體驗，直播主應持續找話題銜接。

一直強調等人數夠多，才願意開始節目

觀眾不會有耐心空等，直播主應邊進行直播邊吸引觀看人數增加。

直播一開始就急著賣東西

須先和觀眾互動、建立信任感，才有可能銷售成功。

直播中狂說髒話，破壞辛苦建立的形象

罵髒話及仇恨言論，會違反Facebook演算法規則，可能會被強迫中斷直播。

玻璃心發作，對酸民翻白眼、情緒失控

直播主情緒失控，會使觀眾無法獲得好的觀看體驗，甚至使訂單流失。

抽獎條件訂太高，讓觀眾感受不到誠意
建議觀看人數的抽獎條件，最多設定為既有觀看人數的兩倍，以免引不起互動效果。

 直播完全沒表情，好像客人欠我錢
缺乏表情管理能力的直播主，較難感染及說服觀眾。

開場只會說哈囉，然後發呆

觀眾會在直播中看見主持人發呆，不是直播主還沒準備好，攝影機就提早開機拍攝，就是直播主打完招呼後，不知道接下來該說什麼，而導致沉默的場面出現。

但是發呆及沉默是需要極力避免的 NG 行為，因為停止說話會打斷觀眾原本沉浸在娛樂中的觀看體驗，觀眾會瞬間感到「出戲」，然後喪失繼續往下看的慾望。

正確的做法是，直播主應在開機前就做好準備，直播一開拍，就要持續說話撐場。直播主可在打招呼後，繼續找其他話題的銜接，例如：隨意聊新聞時事，或自己最近發生的趣事等，而若不小心忘詞時可以順便呼籲觀眾按讚、分享、刷關鍵字、設定追蹤搶先看等，再銜接回原本要講的內容。關於直播開場方法介紹的詳細說明，請參考 P.128。

SECTION_02

一直強調等人數夠多，才願意開始節目

因為 Facebook 在開直播後 10 分鐘內，會利用系統通知一部分的好友或追蹤者，有新的直播節目可以收看，所以大部分的直播主，會選擇等到人數上線的差不多後，才開始進入節目的重頭戲。

但所謂的「等人上線觀看」，並不是要直播主在鏡頭前，什麼都不做的空等，或是一直向觀眾說自己還在等人。正確的「等人」方式，是直播主要趁著剛開播，趕快暖身熱場，先陪準時收看的粉絲進行互動，透過高互動率提升直播的觸及率，讓觀看人數增多的過程加快。

若直播主選擇強調在等人，節目等一下才要正式開始，不僅會讓先進入直播的粉絲感覺受到冷落，甚至容易讓沒耐心的觀眾直接離開，導致觀看人數下滑的窘境。

SECTION_03

直播一開始就急著賣東西

不建議直播一開始就切入主題或開始賣商品，因為觀眾聚集的人數不夠多，且還沒和觀眾建立關係及信任感，此時若開賣或開放競標，會較難獲得觀眾實際的消費行動。

因此，剛開播時，應先和觀眾互動，讓觀眾更認識直播主，並提供有趣的內容吸引觀眾繼續收看節目，到直播的中、後段，再進入銷售的環節。關於「先娛樂，再開賣」原則的詳細說明，請參考 P.95。

SECTION_04

直播中狂說髒話，破壞辛苦建立的形象

在直播中罵髒話，不僅可能不受觀眾歡迎、會破壞直播主形象，更嚴重者還會導致直播節目，被 Facebook 判定違反演算法規則，而遭到強迫關閉直播的後果。關於演算法地雷的詳細說明，請參考 P.32。

SECTION_05

玻璃心發作，對酸民翻白眼、情緒失控

遇到酸民不理性的評價時，不用給予酸民任何反應，而是要讓自己繼續往下直播。若直播主玻璃心發作，被網友的按怒（指 Facebook 提供使用者回應的表情）或酸言酸語激起負面情緒，導致出現翻白眼、口出惡言等失控行為，是很不值得的 NG 做法。

因為直播主自己情緒失控，會打亂已安排好的直播內容，使觀眾無法獲得最好的觀看體驗，甚至會讓原本可以獲得的訂單白白流失。關於如何面對酸民的詳細說明，請參考 P.142。

SECTION_06

抽獎條件訂太高，讓觀眾感受不到誠意

玩抽獎遊戲時，通常直播主會設定一個能夠開啟遊戲的抽獎條件，例如：可向觀眾宣布，當這場直播人數突破 XXX 人後，就可以玩抽大獎的遊戲，藉此吸引既有的觀眾，去分享直播貼文，或標註好友一同觀看直播。

此時，直播主須注意，不要訂一個根本達不到的目標，否則觀眾會認為直播主缺乏誠意，並會讓觀眾缺乏達成畫大餅條件的行動力，而導致無人響應互動遊戲，造成直播主與觀眾互動失敗的尷尬結果。

建議直播主，關於觀看人數的抽獎條件設定，最多設定為既有觀看人數的兩倍，例如：原本有 100 人正在觀看，則將條件設定為滿 200 人觀看，即可開始抽獎。

　　因為觀眾會認為，只要在場每個觀眾都再另找一人，就能達成目標，當觀眾內心認為有希望成功達成目標，就會樂意展開找朋友一起觀看的行動。

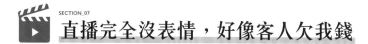

SECTION_07
直播完全沒表情，好像客人欠我錢

　　笑口常開的直播主，肯定比面無表情的直播主，更能讓觀眾看一眼就喜歡；直播主以表情生動、態度熱心的方式推薦商品，絕對比面無表情、態度平淡的介紹方式，更具有說服力及吸引力。

　　因此，直播主應做好個人的表情管理，在有鏡頭的地方就要展露笑容，並練習提升表演能力，讓觀眾的情緒更容易被自己感染，進而產生共鳴。

03

跨媒體行銷策略，
運用社群力量，Hold 住直播人氣

Cross-Media Marketing Strategy

Using the power of the community, hold
live broadcast popularity

跨媒體行銷策略，運用社群力量，Hold 住直播人氣

商品導購眉角

COMMODITY SHOPPING GUIDE

打造成功吸引觀眾觀看，並有實際觀看流量的直播後，即可運用故事行銷的功力，設法將直播的高人氣，轉換成商品的訂單。以下將分別介紹直播主的必備銷售心法，以及實用導購技巧。

必備銷售心法

包含用黃金銷售圈思維，了解消費者痛點；用故事行銷，勾起消費者的購物慾；以及傳達商品必Buy價值，讓消費者樂意下單。

實用導購技巧

包含商品介紹的黃金公式、端出福利價商品的正確時機，以及出清商品的方法。

SECTION_01
必備銷售心法

世界上，沒有人喜歡被強迫推銷，但大部分的人都喜歡聽故事，也喜歡根據自己的喜好及意願買東西。

換句話說，每個消費者的內心，都藏著一顆能夠成交的按鈕。只要換位思考，找出消費者心裡的痛點，並運用說故事的技巧，避開讓消費者感到被強迫推銷的壓力，再傳達出商品本身的價值，即可讓直播中的觀眾，願意且高興的主動下單，完成商品導購的任務。

用黃金銷售圈思維，了解消費者的痛點
依循消費者的思路，先說信念，後說如何達成信念及販賣什麼商品。

用故事行銷，勾起消費者的購物慾
用說故事的方式，勾起消費者的購買慾望，並使他們產生購買的行動。

傳達商品必Buy價值，讓消費者樂意下單
商品價值就像賣點，包含商品功能強大、品牌價值受認同、價格低廉實惠，以及商品口碑良好。

 CLOUMN 01 **用黃金銷售圈思維，了解消費者的痛點**

◆ 什麼是黃金銷售圈思維？

黃金銷售圈，是一種較容易說服他人產生行動的思維方式及表達順序，它是由內而外以 Why、How、What 所組成的三層同心圓。

在銷售的應用上，最內層的 Why 代表「為了什麼而做？」，指做一件事情的信念，也可以指一項商品被研發出來的初始動機。

而中間層的 How 代表「怎麼做？」，這層 How 是指如何做出達成此信念的方法，也可以用來解釋一項商品的獨特賣點、與其他競爭者相比具有什麼優勢等。

至於最外層的 What 則代表「做什麼？」，這層 What 是經過 How 的做事過程後，所產出的結果，也可以指賣家最後製作出什麼商品、提供什麼服務等。

例如：A 牌手機公司的品牌核心理念，也就是黃金銷售圈的 Why，是勇於挑戰現狀，相信「不同凡想」（Think different）的力量。若以手機商品為例，A 牌手機公司挑戰了「手機螢幕太小，觸控筆及按鍵的操作方式不夠直覺」的現狀，它相信手機應該要「能夠讓使用者憑直覺操作」。

而能表現 A 牌手機公司「不同凡想」理念的方式，也就是黃金銷售圈的 How，就是創造外觀具有設計感，又容易操作的商品。

最後 A 牌手機公司產出的商品，指黃金銷售圈的 What，就是智慧型手機，而這個商品讓消費者擺脫了須使用觸控筆、螢幕尺寸又小等不便利的手機使用方式，甚至吸引了一票「果粉」成為自己的忠實消費者。

排列順序	黃金銷售圈	概念解釋	範例 （以 A 牌手機公司為例）
最內層	Why （為了什麼而做？）	做事的信念、研發商品的動機。	勇於挑戰現狀，相信「不同凡想」（Think different）的力量。
中間層	How （怎麼做？）	如何達成信念的做事方法、商品的獨特賣點或優勢等。	創造外觀具有設計感，又方便使用者操作的商品。
最外層	What （做什麼？）	做事產出的結果、提供的商品或服務。	手機、電腦等商品。

◆ 從 Why 開始溝通，才能顧及消費者的痛點及需求

大部分的賣家在推銷時，會習慣先從介紹自家商品開始，再談到商品的優點或價格優惠等資訊，但是這種傳統行銷思維和強迫推銷其實相當類似。若比對黃金銷售圈的圖示，傳統行銷及強迫推銷的表達順序，都是從最外層的 What 開始溝通。

多數商業行銷方式。

但若是由黃金銷售圈的最外層，一步步往內的反方向思路進行銷售，容易導致成交機率不佳，也很難培養消費者的忠誠度。原因是賣家並沒有先了解消費者內心的痛點及需求，也沒有讓消費者認識商品的價值，所以沒辦法讓消費者產生購買的慾望。

成功品牌行銷方式。

而從前述的 A 牌手機公司的行銷邏輯可知，能夠真正推動消費者產生購買行為的正確思維順序，是從黃金銷售圈的最內層開始，一步步向外擴展。因為從 Why 到 What，才是消費者做出購買決策時的思考角度，且若消費者認同賣家所提出的信念，就不會只是為了價格優惠或商品功能而購物，而是會願意為了自身認同的價值觀買單。

◆ 消費者做出購買決策的過程 VS 由內而外的黃金銷售圈思維

共同符合的思考原則	消費者做出購買決策的過程範例	生產者由內而外的黃金銷售圈思維範例
Why ↓ How ↓ What	爸爸重視陪伴家人的時光。 ↓ 希望能在休假時，帶媽媽及小孩一起爬山郊遊。 ↓ 買一台能載全家人旅行的、安全性高的休旅車。	了解消費者有想要開車帶家人一起旅遊的需求。 ↓ 研發一台適合遊山玩水的多人座休旅車款。 ↓ 商品是一台休旅車。

舉例來說：一位爸爸相當重視陪伴家人的時光；而為了陪伴家人，爸爸希望能在休假時，帶媽媽及小孩一起爬山郊遊；最後為了爬山郊遊，爸爸考慮要買一台能載全家人旅行、安全性高的休旅車。在這個例子裡，消費者的 Why 是「能夠陪伴家人」、How 是「開車陪家人旅行」，What 則是「一台休旅車」。

但是如果賣車子的業務，沒有發覺爸爸內心的需求，一直向他介紹小型轎車，或是只顧著說明車內的音響、內裝皮革品質多好等，就完全無法打中這位爸爸的痛點。這就是賣家犯下一直強調自家商品的 What，而不從消費者內心的痛點 Why 開始溝通的毛病。

◆ 在直播中，如何應用黃金銷售圈思維？

在理解消費者的思考方式及內心痛點後，直播主只須在介紹商品時，變換表達內容的順序，就能大幅提高消費者下單的購買意願！

直播主可以先講出消費者可能遇到的困擾情境（Why），引起普遍觀眾的共鳴；再告訴觀眾不用再煩惱了，現在有個商品具有某些優勢、特色（How），能夠解決消費者的困擾；最後才將話題重點，帶到想要介紹的商品上（What）。

困擾情境　　→　商品優勢、特色　　→　介紹商品本身
（Why）　　　　　（How）　　　　　　（What）

這樣的方法較能讓觀眾心動或產生共鳴，且完全不會讓觀眾有被強迫推銷的厭惡感。此時若再搭配限時限量的促銷活動就能創造成交率，順利轉單。

CLOUMN 02　用故事行銷，勾起消費者的購物慾

◆ 什麼是故事行銷？

故事行銷就是用說故事的方式，勾起消費者的購買慾望，並使他們產生購買的行動。

直播主可以善用說故事的技巧，讓觀眾能更專心聽自己想要表達的訊息，以記住自己所介紹及販售的商品或服務，並使觀眾在聽故事的過程中，對直播主及商品產生信任感，進而願意下單。

◆ 故事行銷的方法？

◦ 讓消費者認為故事和自己有關

運用故事行銷的方法時，不僅須使故事有起承轉合的起伏，以增加故事的吸引力；也須讓消費者感受到這個故事和自己有關，例如：把消費者生活中常見的問題，或內心普遍的嚮往，作為故事的情境描述。

◦ 在故事轉折點介紹商品

接著，在故事的重要轉折點，介紹要銷售的商品，包含商品的功能及使用方法等，讓消費者心裡產生「商品不只是商品，而是具有解決自己困擾、能幫助自己達成渴望目標的法寶」的想法。

◦ 呼籲消費者馬上購買

最後，當消費者已經認定直播中的商品，對自己而言是有價值的物品後，直播主即可呼籲消費者立刻購買，否則會錯過難得的優惠，例如：錯過限時特價的時間，就無法享有優惠價。關於商品介紹的黃金公式的詳細說明，請參考 P.161。

COLUMN 03 傳達商品必 Buy 價值，讓消費者樂意下單

在銷售商品時，有些直播主會誤以為只要價格夠便宜，就一定能賣掉，而拚命與其他商家進行削價競爭。事實上，如果消費者完全感受不到商品的價值，就算商品售價只要 1 元，觀眾也不會買單。

所以，直播主應先抓住消費者的痛點，以及可能的購買動機，再透過說故事的方法，傳達商品的價值。在打中消費者的痛點後，觀眾才會產生想要購買的慾望，以下將整理幾項在直播中常向觀眾傳達的商品價值。

◆ 商品功能強大

若要銷售功能強大的商品，即可從功能層面發想商品的價值。

例如：在旋轉拖把剛上市時，可從「能輕鬆將濕拖把的水擰乾」這項功能，發想出「輕鬆維持家中整潔，給孩子更乾淨的成長空間，能把時間

和力氣，省下來陪孩子」等，對有小孩的家庭而言是相當美好的商品價值，並能和傳統拖把及水桶做出區隔。

» 從商品功能發想商品價值的三種方向：解決問題、優化現狀、避免風險

解決問題，是消費者遇到問題，希望商品可以解決自己的困擾，使自己回到沒煩惱的狀態。例如：有人不小心弄丟舊雨傘，須購買新雨傘或雨衣，以免自己在雨天被淋濕。

優化現狀，是雖然消費者現狀沒遇到問題，但是可以靠商品把現狀變得更好。例如：家中已有傳統的拖把及水桶，可以用於拖地；不過，旋轉拖把可以讓使用者以更省時、更省力的方式，完成清潔工作。

避免風險，是雖然消費者現狀沒遇到問題，但是擔心未來可能遭遇問題，所以希望靠商品避免問題的發生。例如：消費者目前眼睛狀況很健康，但是害怕未來會有眼部病變的風險，所以決定配戴抗藍光眼鏡。

◆ 品牌價值受認同

若要銷售具有高品牌價值的商品，可以從消費者對品牌價值的認同，發想商品吸引人的賣點。

例如：銷售布鞋時，除了宣傳穿起來舒適、跑起來輕盈等商品功能以外，還可以透過「Just do it」的品牌口號，爭取消費者因對「勇敢追夢」的品牌價值認同，而願意掏錢購買的意願。

◆ 價格低廉實惠

若要銷售具有價格優勢的商品，則可直接告訴直播觀眾，自己能夠提供低於一般市價的優惠價格，讓識貨的買家直接留言下單。

只是在提供優惠價格時，須讓觀眾了解能夠特價的原因，例如：直播主有和上游廠商合作等，以免除消費者內心的疑慮，比如擔心便宜的原因是不是商品有瑕疵等。

◆ 商品口碑良好

若要銷售口碑良好的商品，可以向觀眾展示消費者給賣家的正面留言回饋、邀請 KOL（Key Opinion Leader，關鍵意見領袖），又稱網紅，成為直播現場嘉賓，發表使用心得，或由直播主自己講述身邊親友，在使用商品前後差異的故事等，以證明商品口碑的真實性。

實用導購技巧

在了解黃金銷售圈思維、故事行銷及傳達商品價值等，直播主的必備銷售心法後，接著就來學習如何在直播中，應用這些銷售方法。以下將說明商品介紹的黃金公式、端出福利價商品的正確時機，以及出清商品的方法等導購技巧。

實用導購技巧

01 商品介紹的黃金公式
說出消費者的苦惱 ➜ 提供消費者解決方法 ➜ 將主打的商品，與其他競爭商品比較產品功能 ➜ 向觀眾展示主打商品，在各通路的售價比較 ➜ 告訴消費者，剛剛介紹的商品有特價 ➜ 呼籲觀眾踴躍下單。

02 端出福利價商品的正確時機
在拍賣剛開始，或直播中觀眾人數快要下跌時。

03 出清商品的方法
包含綁定銷售組合、與其他直播主互助出清，以及在VIP群組中特價回饋鐵粉。

» 小物商品展示技巧

　　當商品體積較小，在直播中展示時，觀眾可能會沒辦法看清楚商品的樣子，因此以下將介紹幾種小物商品的展示技巧，提供讀者參考。

小物商品展示
技巧影片
QRcode

 NG

將小物品直接拿在手上。

　　將小物品直接拿在手上是不合適的，尤其在畫面場景較雜亂時，因小物商品的顏色、輪廓等外觀，難以被凸顯。

 OK

將小物品靠近鏡頭，並用另一隻手擋在商品的後方當背景。

　　將一隻手掌放在商品背後，可使商品的背景看起來較單一，但畫面其他角落，仍可能看見雜亂的樣子。

將一片黑色或白色的紙板，墊在商品下方。

　　取一片黑色或白色的紙板，墊在商品下方，並使鏡頭只拍商品及背景，可使觀眾的目光，更專注在商品上。

使用簡易小型攝影棚，加上黑或白色紙板，墊在商品下方。

　　使用簡易小型攝影棚及紙張當背景，不僅能讓觀眾的目光，更專注在商品上，還能在拍攝時，幫商品進行補光，使商品看起來更美觀、更有吸引力。

 商品介紹的黃金公式

◆ 什麼是黃金公式？

　　商品介紹的黃金公式，可以分為以下幾個步驟。

商品介紹的黃金
公式影片 QRcode

步驟名稱	說明	目的
Step 1 說出消費者 的苦惱。	銷售商品的第一步，是先說出消費者生活中，可能感到困擾、苦惱的情境。	讓消費者對直播主的話產生共鳴，認定直播主和自己站在同一陣線，藉此獲得觀眾情感上的信任。

Step 2 提供消費者 解決方法。	針對第一步提出的苦惱，直播主須提供消費者 2～3 種解決方法，並且要將主打的商品，當成最後一個提出的解決方法。	在直播主提供的 2～3 種方法中，須使最後被提出的商品，看起來是最優良的解決方法，以讓觀眾對商品產生好感度。 另外，將商品擺在流程最後的原因，是通常觀眾對最後被介紹的方法，記憶會最深刻。
Step 3 將主打的商品，與其他競爭商品比較商品功能。	在直播中，現場示範主打商品的使用方法及商品功能，並可與其他較弱的競爭商品做比較。	利用直播「眼見為憑」的特性，向觀眾證明主打商品的功能，確實可以解決消費者的苦惱。 並且與其他相似商品相比，可凸顯自家商品的功能更強，更值得觀眾購買。
Step 4 向觀眾展示主打商品，在各通路的售價比較。	事先將各個通路的主打商品售價，整理成圖表，讓觀眾了解商品的一般市價為何。 此處的通路售價資訊，須包含實體通路，例如：特賣會、量販店、百貨公司等以及網路通路，例如：不同的拍賣網站等。	在直播中告訴觀眾商品售價，會讓觀眾在潛意識中，認為自己已經比過價，而不會再去貨比三家，因此能增加觀眾下單的機會。
Step 5 告訴消費者，一個特價的理由。	在直播中提供低於市價的優惠價格，並說出特價理由。 特價的理由可以是過季清倉、節慶折扣、年底折扣、疫情折扣、是直接向上游廠商大量批貨等，甚至連直播主自己生日，所以想要回饋大放送，也可以當成特價的原因。	告訴觀眾自己能提供比市價更便宜的價格，可刺激觀眾的購買慾。 但必須說出特價理由，主要是避免觀眾內心產生疑慮，包含：懷疑特價商品是不是滯銷品、仿冒品、瑕疵品或二手貨等負面想法。

Step 6 呼籲觀眾踴躍 下單。 (Call to Action)	大力吆喝觀眾趕快留言「+1」， 以免錯過撿便宜的時機。	直播主可在呼籲下單的步驟中， 加入限時、限量的搶購條件，以 再度吸引觀眾下單消費。

◆ 黃金公式的應用：以銷售「魔法梳」為例

步驟名稱	以銷售「魔法梳」為例 （商品簡介：魔法梳是一種主打可以把打結的頭髮，梳開變順的梳子。）
Step 1 說出消費者的 苦惱。	• 問觀眾以往使用一般梳子的經驗：「是不是在梳頭髮時，遇到頭髮打結，就卡住梳不下去？不然就是硬梳後，把自己的頭髮扯下好幾根？」 • 再告訴觀眾，除了梳頭髮的不便利外，還有其他風險：「但其實你注意看，被扯下來的不只是頭髮，還有毛囊。如果毛囊被破壞太多，是容易禿頭、長不出新頭髮的！」
Step 2 提供消費者 解決方法。	告訴解決消費者方法：「解決頭髮打結第一招，是用手把打結的地方抓開，但是這個方法和普通梳子一樣，不小心就會把頭髮扯下來。 所以今天要來告訴大家第二招，就是這個超好用的魔髮梳（拿出商品），它是德國設計、英國發行的梳子。它的梳毛是特殊的長短毛設計，所以梳頭時不會卡住頭髮，而是可以很順的梳過去，把打結和毛燥的頭髮都梳開！」
Step 3 將主打的商品， 與其他競爭商品 比較商品功能。	接著找助手來示範魔髮梳的功能：「來，我們請助手姐姐站進畫面裡，我們用魔法梳來梳頭髮給你們看。是不是梳的很順，對吧！」 可以另外找一把普通扁梳，示範出梳頭卡住的樣子，以凸顯魔髮梳的好用。
Step 4 向觀眾展示主打 商品，在各通路 的售價比較。	直播主可將事先準備的照片、圖表等資料秀給螢幕前的觀眾看：「告訴大家，這種梳子，外面一支要賣 299 元！」

Step 5 告訴消費者，一 個特價的理由。	告訴消費者優惠價格：「但是今天如果有人想要，我們有清倉的折扣，一支只賣 100 元！一支魔髮梳，就能讓你用的長長久久。」
Step 6 呼籲觀眾踴躍 下單。 (Call to Action)	直播主催單：「你們看，這麼好用的梳子，之後如果遇到心情不順、事業不順的時候，更要用這個魔法梳，因為人生不順，用魔法梳可以越梳越順！一直梳、一直順。想要轉運的趕快拿這支！快唷！想要的人趕快留言 +1，數量有限，售完為止！」

▶ 端出福利價商品的正確時機

CLOUMN 02

福利價商品是指拍賣價格明顯低於市價的商品，且價格優惠遠超過觀眾內心的預期。例如：市售原價 2500 元的玉石，在直播中只賣 1688 元。

在進行銷售型直播時，直播主可以事先準備 1 ～ 2 項熱門商品，作為福利價商品，讓識貨的觀眾有機會瘋狂搶購，以藉機衝高留言數、貼文觸及率和下單量，同時帶給觀眾「賺到了」的爽感，以及願意繼續往下觀看直播的動力。

至於適合端出福利標商品的正確時機有以下兩種。

◆ **剛開始拍賣時**

當直播節目正要進入拍賣環節的重頭戲時，直播主可以在第一、二項商品時，就開始拍賣福利價商品，以透過下單量及留言數，吸引更多人加入觀看及參與直播購物。

◆ **觀看人數剛下降時**

當直播中途，觀看人數已經開始從最高峰下滑時，直播主可再次拿出熱門的福利價商品，進行介紹及拍賣，以讓留言量再次衝高、增加買氣，如此既可幫助增加觸及率，又可再度獲得一筆下單收益。

出清商品的方法

當直播主發現商品出現快要滯銷的情況，即可使用以下三種出清商品的方法。

◆ 綁定銷售組合

可將快滯銷的 A 商品，與較熱銷的 B 商品，綁定成一套商品組合，共同進行特惠價銷售。

直播主須注意，即使是將商品綁定、當作特價組合，甚至是當作贈品送出，都必須向觀眾傳達商品的價值，以勾起觀眾對商品的渴望。關於傳達商品必 Buy 價值的詳細說明，請參考 P.157。

◆ 與其他直播主合作，互相幫忙出清

直播主可以記住一個概念：「我們的冷飯，是別人的新菜。」不同直播主所能觸及到的粉絲與觀眾群是不同的族群，因此可以找其他直播主共同合作，互相在各自的直播中，幫忙銷售對方的滯銷品。

畢竟，每個人的喜好不同，可能 A 客人看不上眼的商品，在 B 客人眼中是難得的寶貝。

◆ 在 VIP 群組中特價販售，回饋鐵粉

直播主可將快滯銷的商品，在 VIP 群組中以特價販售，回饋鐵粉。通常鐵粉一看就知道商品的售價，是遠低於市價的「優惠流血價」，因此就會願意立刻出手掃貨。關於建立 VIP 粉絲群組的詳細說明，請參考 P.184。

跨媒體行銷策略，運用社群力量，Hold 住直播人氣

與粉絲互動

Interact with Fans

在 Facebook 直播中，觀眾粉絲可以用按讚或其他表情、留言及分享等方式，與直播主進行互動。只要觀眾粉絲在直播上的互動越多，就越能將直播推廣、觸及到更多 Facebook 使用者的動態牆上。

因此，直播主應盡力引導觀眾粉絲和自己進行互動，使自己的節目成為熱門的直播，也使自己成為高人氣直播主。

SECTION_01
按讚或其他表情

直播主應在直播剛開始時，反覆提醒觀眾，對直播貼文按讚或按其他表情，以獲得 Facebook 演算法的加分，並增加直播的被動觸及。例如直播主可以說：「請大家幫我到直播的右下角按讚！」

SECTION_02
留言

對直播主而言，直播時的留言可以區分為下單留言及非下單留言。

◤ CLOUMN 01 ◢ 下單留言

指觀眾確認要購買、下訂商品的留言。而直播主在引導觀眾留言下單時，應注意以下重點。

◆ **先再次說明下單規則**

直播主請觀眾下單前，須先向觀眾說明下單的規則。有些賣家會要求觀眾須在留言下單時，輸入商品的編號、數量等資訊，也有些以競價方式拍賣商品的賣家，只要觀眾輸入出價的金額即可。

為了避免溝通糾紛或表達不周等，建議在銷售商品前，先再次說明或提醒觀眾閱讀下單的正確規則。說明規則時，直播主可手持另一隻手機，直接在螢幕前示範一次下單的方法，讓觀眾能更清楚如何下單購買。

◆ **截圖並請下單的消費者私訊自己**

當有觀眾下單後，直播主可請小幫手將下單的留言截圖，並請消費者私訊自己。當消費者私訊直播主時，再向他們確認商品的款式、數量，並提供消費者匯款帳號、總金額、匯款時間的期限等資訊，以及能夠進入 VIP 粉絲群組的方法。關於 VIP 粉絲群組的詳細說明，請參考 P.184。

◆ **提醒消費者要開箱錄影，避免買賣糾紛**

另外，直播主可在消費者私訊時，提醒對方在收到商品後，將商品開箱的過程錄影下來，以保護雙方的權益。對消費者而言，若發現商品寄錯數量，或商品有瑕疵、損壞等，就可以影片證明商品在使用前，就已經出問題；對賣家而言，請消費者錄影存證，也可避免消費者敲詐索賠，例如：明明是消費者自己拆箱後才弄壞商品，卻謊稱是賣家寄出瑕疵品等。

非下單留言

指內容不是下單的留言，例如：刷關鍵字、提問、輸入表情符號、酸民留言等。

對直播主而言，衝高留言數量，是提高觸及率很重要的手段，因此直播主會以向觀眾打招呼（P.128）、請觀眾刷關鍵字（P.129）、一本正經的胡說八道（P.133）、設計抽獎的互動遊戲（P.169）、端出福利價商品等方法（P.164），盡可能引導觀眾不斷留言。

SECTION_03
分享

直播主應在直播剛開始時，就反覆提醒觀眾，分享直播貼文到個人頁面或適合的社團，以獲得 Facebook 演算法的加分，並增加直播的被動觸及。例如直播主可以說：「請大家幫我到直播的左下角按分享！」關於示範分享到社團的詳細說明，請參考 P.129。

跨媒體行銷策略，運用社群力量，Hold 住直播人氣

設計直播專屬活動

DESIGN LIVE STREAM BROADCAST EXCLUSIVE EVENTS

　　想在 Facebook 上成為專業的直播主，就要懂得運用互動遊戲及抽獎活動凝聚人氣，讓人們願意分享直播貼文，以充分發揮網路社群力量的擴散效益。

　　以下將介紹設計直播專屬活動的目的、在直播中，與觀眾玩互動遊戲的適當時機、常見的直播互動遊戲玩法，以及關於鐵粉專屬活動的須知事項。

設計直播活動的目的
增加留言量，以提高直播的觸及率。

互動遊戲的玩法介紹
約可分為猜中謎底或隨機抽中，兩種遊戲規則。

設計直播
專屬活動

**玩互動
遊戲的適當時機**
當直播人數出現減少的趨勢，以及至少開播20分鐘後。

鐵粉專屬的活動須知
包含設計活動的目的，以及進行活動的辦法。

SECTION_01
設計直播活動的目的

　　直播活動，就是指在 Facebook 直播中，以抽獎的方式吸引觀眾刷留言，以增加直播貼文觸及率的活動。

　　而除了透過增加留言數量，來提高直播的觸及外，設計直播活動的目的，還包含衝高直播主的人氣，並試圖將聚集的人氣轉換成買氣，以及透過觀眾與直播主的積極互動，營造出熱鬧、讓人願意持續觀看和參與互動的直播內容。

SECTION_02
玩互動遊戲的適當時機

　　最適合和觀眾玩互動遊戲的時機，是當大部分有收到 Facebook 系統通知的粉絲，都進入直播，且當下觀看人數已有從最高峰下滑的跡象時，讓直播主可藉由互動遊戲的活動，將觀看人數重新往上拉抬，並衝出另一次的觀看人數高峰。

　　直播觀看人數最高峰的實際數字，會根據不同的直播主而有所差異。直播主可根據自己以往的 Facebook 直播狀況，作為推估自己直播的觀看人數，最高峰的時段在哪裡。

　　另外，在 Facebook 上開直播後約 10 分鐘內，系統會自動向部分追蹤者發送直播通知，因此建議直播主應至少直播 20 分鐘後，再開始與觀眾進行互動遊戲。

互動遊戲的玩法介紹

Facebook 直播的互動遊戲玩法，大約可分為兩種：第一種是請觀眾猜謎，最先猜到謎底的觀眾，就能獲得獎品；第二種是請觀眾在留言區，瘋狂刷統一規定的關鍵字，並由直播主隨機抽取一位觀眾，成為幸運的中獎者。

CLOUMN 01 遊戲開始前須知

◆ 清楚說明遊戲規則

為了使互動遊戲帶來的效益最大化，直播主可先向觀眾宣布，只有公開分享直播貼文，並對直播主的個人帳號或粉絲專頁按讚、追蹤的觀眾，才擁有獲獎資格。

否則就算在遊戲裡幸運中獎，也一律取消領取獎品的權利，並會將獎品轉讓給其他觀眾；或是須請中獎者限時補上分享、追蹤等條件，才能獲得獎品，這部分的遊戲規則，直播主可依個人喜好制定或變更。

例如直播主可以說：「現在我們玩一個遊戲，叫做終極密碼，只要第一個猜中密碼，就可以獲得獎品。只是在遊戲開始前，請大家先幫我按左下角的分享，把直播公開分享到你的個人頁或社團，然後幫我把粉絲專頁按讚追蹤，最後留言刷關鍵字：已按讚、已分享，這樣才有中獎的資格！」

◆ 說明獎品價值，以吸引觀眾參與互動

另外，即使是要在抽獎時，免費送出的贈品，直播主仍須向觀眾介紹獎品的價值及優點，才能激發觀眾踴躍參加活動、願意幫忙分享的慾望。關於傳達商品價值的詳細說明，請參考 P.157。

» 如何確認觀眾有沒有分享直播？

如果觀眾有分享直播貼文，直播主會在留言區，看見已分享的觀眾的頭像旁會有 Facebook 自動標示的「分享者」標籤，直播主即可從觀眾是否具有「分享者」標籤，來判斷觀眾是否有確實分享直播貼文。

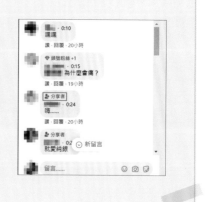

遊戲種類介紹

COLUMN 02

以下將介紹終極密碼、猜猜樂及刷關鍵字，三種常見的 Facebook 直播互動遊戲玩法。

互動遊戲玩法
介紹影片 QRcode

◆ 終極密碼

STEP 01 直播主先設定要猜的密碼

終極密碼，是直播主先選定一個數字區間，並在數字區間裡選中一個數字當作「密碼」，然後請觀眾留言搶答，且最先猜對答案的觀眾，即可獲得獎品。

例如：先選定 0 ～ 200 這組數字區間，再選擇 180 作為密碼，並可先將答案寫在白板上後，把覆蓋的白板放在畫面看得見的位置，讓觀眾相信直播主沒有亂改密碼。

接著就讓觀眾任意留言搶答，直到有人猜到正確答案為止。在讓觀眾猜謎時，直播主可視情況決定是否要給予觀眾提示，例如：有觀眾猜數字 50，直播主可回覆密碼比 50 大，請觀眾繼續猜等提示。

◇ **玩終極密碼的優點一：互動節奏快**

在猜謎送獎品的互動遊戲類別中，終極密碼是最常被直播主運用的遊戲之一。原因是觀眾猜謎時，只要輸入數字即可，不必花時間思考複雜的答案，可使觀眾與直播主的互動節奏明快，而不易冷場。

◇ **玩終極密碼的優點二：觀眾留言不易重複**

且觀眾通常不會重複別人猜過的錯誤數字，而留言只要沒有大量重複的問題，就不會被 Facebook 演算法判定為是垃圾內容，而遭到降低直播觸及的風險。

若直播主擔心觀眾只留言數字，仍會被 Facebook 演算法判定為垃圾留言，則可請觀眾在留言時，在猜測的數字後輸入其他符號，例如：66%。關於演算法的地雷的詳細說明，請參考 P.32。

» 密碼區間設定為總觀看人數的 2 ～ 3 倍即可

直播主與玩終極密碼時，須注意初始的數字區間不要太廣，否則觀眾會認為太難猜中，進而拒絕玩遊戲，甚至認為直播主無心送禮而離開直播，導致觀看人數反而減少的狀況。

建議終極密碼的數字區間範圍，大約設定為直播當下總觀看人數的 2 ～ 3 倍即可，例：目前觀看人數是 50 人，則數字區間最多設定為 0 ～ 150、150 ～ 300 等，總數不超過 150 個數字的區間。

◆ 猜猜樂

　　猜猜樂的遊戲原理與終極密碼類似，只是觀眾要猜的謎底不是數字，而是其他事物，且同樣是首先猜中答案的觀眾，可以獲得獎品。

　　例如：可以先在白板寫下謎底，然後請觀眾猜姓氏、水果名稱、動物名稱等；或是直播主可事先準備撲克牌、象棋或麻將等道具，並在洗牌後任意選擇一張牌卡、棋子或麻將，再請觀眾猜牌面的字或花色等。

◆ 刷關鍵字

STEP 01 設定遊戲的中獎者規則

　　刷關鍵字的規則，是直播主先訂定一組固定的關鍵字，例如：將關鍵字設定為自家的熱門商品名稱，並告訴觀眾自己會在限時幾分鐘後，輸入一則只有一排虛線的留言，且這則留言就是「截止線」。而直播主可自訂，從截止線往上數或往下數的第 N 個留言者，就是幸運被抽中的獲獎者。

STEP 02 請觀眾不限次數的留言

　　請觀眾瘋狂刷留言，且每個帳號的留言次數不限制。在觀眾留言時，直播主可在畫面中拿出計時器，進行距離輸入截止線留言的時間倒數，以通知觀眾還剩多少時間，並營造時間快到，請觀眾盡快留言的緊張氛圍。

STEP 03 以直播主的手機畫面為準，確定中獎者是誰

　　須注意的是，因為 Facebook 在不同支手機上，所呈現的留言順序會有差異，所以直播主須先向觀眾公告，計算截止線往上數或往下數的階段，會以直播主自己準備的手機的截圖為準，以免觀眾產生爭議。

與終極密碼相同的是，若直播主擔心觀眾的關鍵字留言，會因大量重複而被 Facebook 演算法判定為垃圾內容，則可請觀眾在關鍵字後方加上其他符號。關於演算法的地雷的詳細說明，請參考 P.32。

SECTION_04
鐵粉專屬的活動須知

鐵粉是指曾經在直播中下單且有成功交易的觀眾；而鐵粉專屬活動，就是只有鐵粉才能參加的互動遊戲。

每次交易成功後，直播主可邀請下單的觀眾加入 VIP 粉絲群組，並在即將進行鐵粉專屬活動時，只在群組中公告活動辦法及詳細時間等資訊。關於建立 VIP 粉絲群組的詳細說明，請參考 P.184。

CLOUMN 01 設計鐵粉專屬活動的目的

除了能提供直播貼文的留言數量及分享數量外，直播主舉辦鐵粉專屬活動的目的有兩個，第一是可以回饋鐵粉，第二是可以引起新觀眾的好奇心。

◆ 回饋鐵粉

以專屬活動回饋鐵粉，除了讓粉絲能夠享受 VIP 專屬的特殊待遇外，還能鞏固粉絲對直播主的忠誠度。

◆ 引起新觀眾的好奇心

而當新觀眾因為不曉得專屬活動的規則，而對互動遊戲感到一知半解時，也會被勾起好奇心，想要繼續往下觀看直播，甚至留言發問，如此直播主又能再賺到以留言量衝高觸及的甜頭。

	常見玩法	可參加抽獎的對象	如何宣布遊戲規則	目的
一般直播互動遊戲	• 終極密碼。 • 猜猜樂。 • 刷關鍵字。	所有觀眾。	直接在直播上宣布。	衝高直播貼文的留言數、分享數。
鐵粉專屬活動		有加入 VIP 粉絲群組的觀眾。	只在 VIP 粉絲群組裡宣布。	• 回饋鐵粉。 • 吸引新觀眾的注意力。 • 衝高直播貼文的留言數、分享數。

鐵粉專屬活動的辦法

設計鐵粉專屬活動時，一樣可以使用前述介紹的終極密碼、猜猜樂及刷關鍵字的規則，唯一與普通活動的差異，是直播主在正式開直播前，須先在 VIP 群組中宣布遊戲規則及獎品為何。關於互動遊戲的玩法介紹的詳細說明，請參考 P.171。

而在 Facebook 正式開直播後，直播主只需要故作神秘的向觀眾喊話：「知道要做什麼事的人，趕快留言喔！」以勾起非鐵粉觀眾好奇心，讓他們留言發問：「什麼？直播主現在是在做什麼？到底要幹麻？」；同時也引起鐵粉的虛榮心，讓他們互相留言提醒彼此：「噓！不要把規則說出來，這樣中獎機會才高！」

如此一來，直播主就能透過鐵粉專屬活動，贏得 VIP 粉絲的心，以及新觀眾聚集湊熱鬧的高人氣與觸及率。

鐵粉專屬活動
介紹影片
QRcode

04

直播後，
必須做的事

WHAT MUST BE DONE

After the
Live Broadcast

直播後，必須做的事

檢視本次直播狀態

View the Status of This Live Streaming Broadcast

每次結束 Facebook 直播後，直播主可以藉由回放自己的直播影片，以檢視自己的直播狀態，並找出可改善的缺點及可維持的優點等。

直播主檢視直播狀態時，可特別留意以下幾點：確認 Facebook 留言有沒有吃字狀況、站在觀眾的角度審視自己的直播內容，以及分析直播互動狀態的高低時段。

確認FB留言有沒有吃字狀況
確認是否有觀眾下單的留言被忽略。

檢視本次
直播狀態

站在觀眾角度審視自己的直播內容
以觀眾的心態，評估直播內容的可看性。

分析直播互動狀態的高低時段
透過不同時段的留言數量多寡，分析觀眾偏好的內容。

SECTION_01
確認 Facebook 留言有沒有吃字狀況

直播主回放並觀看影片時，須注意是否有觀眾的留言，在直播當下被 Facebook 吃字，而在回放時才出現的狀況，以免有觀眾下單的留言被賣家忽略，導致自己錯失訂單；或避免使觀眾因 Facebook 系統問題，誤以為直播主無緣無故，不進行訂單確認及供貨，而對賣家的服務品質失去信心。

SECTION_02
站在觀眾角度審視自己的直播內容

在觀看回放的直播內容時，直播主須以觀眾的角度，去審視自己的直播內容，並捫心自問：「如果是自己在 Facebook 上被這則直播觸及，我會願意點進觀看嗎？我會願意持續收看下去嗎？為什麼？」

如果答案是否定的，就須檢討自己的節目內容，有哪些部分需要調整，以及應該如何改善，才能更具有吸引力，以提升他人點擊並全程收看的意願。

SECTION_03
分析直播互動狀態的高低時段

除了可以用觀眾角度，靠個人感受自行評估直播內容的可看性外，直播主還可以運用觀眾留言的密集度，了解每場直播的互動高、低時段，以掌握觀眾偏好什麼節目內容，以及哪些活動或方法，能最有效衝高觀看人數、提升互動效果等。

分析留言高峰時段

從留言數量特別多的時段，汲取可複製的成功經驗。

分析留言低峰時段

從留言數量特別少的時段，找出問題並改善。

分析直播互動狀態的高低時段

01

02

CLOUMN 01 　分析留言高峰時段，為下次成功鋪路

回放直播時，即時留言數量特別多的段落，就是高峰時段。

直播主可從觀看形成互動高峰的時段，了解是什麼內容或方法，能夠提升觀眾的互動意願，並將這項方法記下來。當未來直播主希望在直播中，創造一波互動高峰時，即可複製過往成功的經驗，將有效的方法再次運用出來。

CLOUMN 02 　分析留言低峰時段，找出不再犯錯的關鍵

回放直播時，即時留言數量特別少的段落，就是低峰時段。

直播主可從觀看形成互動低峰的時段，了解是什麼內容導致觀眾的互動意願降低，並記取這項教訓，想辦法改善問題，找出更適合的引導觀眾互動的方式，避免自己再犯相同的錯誤。

直播後，必須做的事

導購方法

SHOPPING GUIDE METHOD

　　直播結束後，銷售型直播主須花時間確認訂單及通知消費者匯款，並以 Facebook 的私訊功能，作為聯絡消費者的主要方式。以下將說明在私訊及付款時，直播主應注意的事項。

私訊須知

由消費者先私訊直播主，再由直播主回覆確認訂單資訊的作法較佳。

導購方法

付款須知

直播主可自訂適合的付款時間點，以及付款方法。

SECTION_01

私訊須知

　　當觀眾在直播中下單購買後，直播主須請觀眾私訊自己，以確認訂單細節，並通知對方匯款時間等資訊。或者，直播主可選擇使用市面上的「+1 系統」，將彙整訂單資訊的工作交給系統協助完成，關於「+1 系統」的相關資訊，可自行上網查詢。

讓消費者
私訊直播主較佳

較不易踩到Facebook
演算法地雷，還能獲
得互動加分。

私訊的具體方法

先由消費者私訊下
單留言的截圖，直
播主再回覆確認訂
單的相關資訊。

私訊須知

 讓消費者先私訊直播主較佳

◆ **消費者私訊直播主，較易獲得演算法加分**

　　私訊時，讓已下單的消費者分別私訊直播主，會比直播主自己去私訊所有消費者更好，原因是在 Facebook 演算法的判定中，許多不同的帳號私訊給同一個帳號，算是使用者間正常的互動，並且還能從互動中獲得加分，使直播主的貼文觸及率增加。

◆ **直播主私訊消費者，較易被認定是違規行為**

　　反過來說，在 Facebook 演算法的判定中，由同一個直播主的帳號，一直去私訊不同的消費者帳號，很容易會被認定是在散播垃圾訊息或廣告，而被 Facebook 系統認定是假帳號，導致直播主的帳號被暫停使用，甚至遭到刪除。

 私訊的具體方法

　　直播主可以請有下單的觀眾，將下單的留言截圖下來，再將截圖用私訊傳給直播主。而直播主在收到觀眾的訊息後，再向對方確認購買的商品、數量、匯款及寄送方式等，並傳給消費者 VIP 粉絲的群組連結，以邀請對方加入群組，成為 VIP 粉絲的一員。關於 VIP 粉絲的群組連結的詳細說明，請參考 P.184。

付款須知

付款的時間點

有「貨到付款」及
「先付款，後出貨」
兩種選擇。

常見的付款方法

包含臨櫃匯款、信
用卡付費、ATM轉
帳、便利商店及宅
配到府的取貨付款
等。

付款須知

CLOUMN 01 付款的時間點

利用Facebook直播銷售商品，在付款的時間點上，有「貨到付款」及「先付款，後出貨」兩種選擇，直播主可根據自己的經營規模，決定適合自己的付款時間點。

若直播主的經營規模較大，例如：自家是開公司、製造工廠等，建議以「貨到付款」為主，以吸引較多的下單成交量；若直播主只是個人兼職、小本經營，則建議以「先付款，後出貨」為主，以降低自己須承擔的風險，例如：資金週轉不靈、發生消費者棄單等狀況。

CLOUMN 02 常見的付款方法

若直播主是採取「先付款，後出貨」的模式，則消費者的付款方法，通常是以臨櫃匯款、信用卡付費，或是以ATM轉帳進行付款。

若直播主是採取「貨到付款」的模式，則消費者的付款方法，可選擇到便利商店取貨付款、等郵局或貨運公司，宅配到家後再付款等。

建立 VIP 粉絲群組

CREATE VIP FANS GROUP

Article.Three

　　直播主可在社群平台上創立群組，並將所有曾在直播中下單的消費者加入群組中，以建立自己的 VIP 粉絲群組。以下將針對 VIP 粉絲群組的功能，以及 VIP 粉絲群組的平台選擇進行說明。

SECTION_01

VIP 粉絲群組的功能

預告直播時間

只要粉絲有查看訊息，一定能接收到直播預告的通知。

通知活動時間

邀請鐵粉加入直播互動遊戲的通知管道。

對粉絲再行銷商品

可在群組內提供VIP優惠價，吸引粉絲回購商品。

宣布鐵粉專屬活動的規則

只在群組宣布直播的抽獎活動規則，以回饋鐵粉。

與粉絲聯絡感情

透過問安及分享資訊，與粉絲持續維持良好關係。

分散Facebook當機風險

若Facebook系統當機，還有群組可作為銷售商品的管道。

 ## 預告直播時間

在每次正式開直播前，除了在 Facebook 的粉絲專頁、社團或個人帳號發布預告貼文外，還可以在 VIP 粉絲群組內進行直播預告宣傳，讓所有的鐵粉都能得知下次直播的日期及時間。

另外，直播主也可請群組內的粉絲，幫忙分享直播預告貼文，以加速貼文的擴散速度。關於發布直播預告貼文的詳細說明，請參考 P.98。

	在 Facebook 發布預告文	在 VIP 粉絲群組進行預告
訊息接收情況	如果 Facebook 貼文沒有足夠廣泛的觸及，則有大部分的粉絲都會接收不到資訊。	只要粉絲有點開群組訊息，一定能接收到預告資訊。

 ## 通知活動時間

在直播時，若希望能號召更多觀眾參與互動，即可在 VIP 粉絲群組內發出活動通知，或當下直播的連結，以邀請鐵粉趕快加入直播，一起參加互動遊戲，把握獲得抽獎獎品的機會。

 ## 對粉絲再行銷商品

能加入 VIP 粉絲群組的觀眾，都是曾經向直播主付費購物的消費者，因此直播主除了可以開直播進行銷售外，也可以在群組中拋出 VIP 專屬的商品優惠資訊，以吸引粉絲願意直接在群組中，向直播主回購商品、下訂單。

另外，當直播主遇到商品被棄單的狀況時，也可以在 VIP 粉絲群組中，以 VIP 專屬優惠價，將商品迅速求售，即可解決遭棄單的困擾。關於「有觀眾棄單，怎麼辦？」的詳細說明，請參考 P.143。

 宣布鐵粉專屬活動的規則

直播主在進行鐵粉專屬的直播活動前，須先在 VIP 粉絲群組中公布抽獎規則，以便在正式直播時，讓鐵粉能夠在不須額外說明的前提下，參與互動的抽獎遊戲。關於設計鐵粉專屬活動的詳細說明，請參考 P.175。

 與粉絲聯絡感情

直播主除了可以透過 VIP 粉絲群組，進行直播預告、活動通知、再行銷等事務外，也可以單純和粉絲聯絡感情，例如：逢年過節時，向粉絲們祝賀問好；或是不定時將自己在 Facebook 發布的貼文，轉發進群組等。關於其他有助於增加觸及率的方法的詳細說明，請參考 P.100。

 分散 Facebook 當機風險

有時 Facebook 系統會突然當機，導致直播主完全無法操作直播功能。此時，若直播主若有建立 VIP 粉絲群組，即可先以在群組內銷售的方式，持續進行商品販售，而不會因 Facebook 系統的癱瘓，而陷入完全無法做生意、或完全失去收入來源等困境。

SECTION_02
VIP 粉絲群組的平台選擇

對 Facebook 直播主而言，關於 VIP 粉絲群組的平台選擇，最常見的選項就是 LINE 和 Messenger。根據風險分散的原則，會建議直播主可以同時在兩個平台，都建立及經營 VIP 粉絲群組。

直播後，必須做的事

寄件方式

DELIVERY METHOD

　　當消費者在 Facebook 直播留言下訂單後，直播主即須統整消費者的訂單資訊，並進行出貨。至於出貨的寄件方式，可選擇透過便利商店、郵局或貨運公司，進行運送商品或代收款項的服務，以下將詳細介紹三者的寄件流程與注意事項。

便利商店

可分為一般店到店寄送服務，以及線上開店寄送服務，適合較小件的包裹。

郵局

可從郵局或便利商店收件，再寄至指定的地址，適合較大件的包裹。

貨運公司

適合寄送較大件的包裹，且若和貨運公司簽約，可獲得較優惠的運費方案。

便利商店

連鎖便利商店的寄件服務，具有分店數量多、能即時追蹤物流資訊，以及營業時間 24 小時等優勢，不論對寄件的直播主，還是收件的消費者而言，都非常方便。

目前便利商店有提供兩種寄件服務，包含一般店到店的寄送服務，以及線上開店的寄送服務。以下將詳細說明兩種服務的差異，以及實際操作流程的步驟教學。

一般店到店寄送服務

可在A分店寄出包裹，再從B分店領取包裹的配送服務。

便利商店

線上開店寄送服務

在超商的網站建立線上賣場，可自訂買家免運的門檻。

CLOUMN 01 一般店到店寄送服務

可以讓人在便利商店的 A 分店寄出包裹，然後再從 B 分店領取包裹的配送服務。

若直播主想要使用一般店到店的寄送服務，則須遵守便利商店對包裹的各項規定，例如：包裹的大小限制、重量限制、寄送資訊的填寫原則等。以下將介紹 7-Eleven 交貨便，以及全家店到店寄送服務的詳細說明。

◆ 7-Eleven 交貨便

　　7-Eleven 交貨便的寄送服務，可根據包裹大小區分為三種方案，分別是經濟交貨便、一般材積交貨便，以及 120cm 交貨便，其中只有一般材積交貨便具有讓收件人取貨付款的選項，其餘兩個方案都只能由寄件人先付費，才能寄送包裹。關於三種交貨便方案的詳細資訊比較，請參考以下表格的整理。

7-Eleven 交貨便的三種方案 （最新細項資訊或優惠訊息，請以 7-Eleven 官方網站公布的資訊為準。）			
	經濟交貨便	一般材積交貨便	120cm 交貨便
包裝規定	限使用超商販賣的包裝袋。	• 可使用超商販賣的或自備的包裝袋、紙箱。 • 若是使用自備的包裝袋、紙箱，則最長邊不可超過 45cm、且包裹的長、寬、高合計長度不可超過 105cm。	限使用超商販賣的紙箱。
重量規定	每件包裹的重量，最多不可超過 5 kg。		
超商販賣的包裹尺寸	23×32cm。	40×30cm。	• 專用小紙箱為 22×10×14.5cm。 • 小寄件箱為 25×18×10cm。 • 中寄件箱為 32×25×15cm。 • 大寄件箱為 35×30×30cm。	45×40×35cm。

超商販賣的包裹價格比較	低。		中。	高。
寄送範圍	可寄送至台灣本島及離島。			寄送範圍不含離島及台灣本島的花東地區。
運送時長	• 本島內寄送，今天下午五點前寄出，可於後天中午十二點後收件。 • 離島寄送，今天下午五點前寄出，可於第三天至第八天中午十二點後收件。		• 若是一般交貨便，本島內寄送，今天下午五點前寄出，可於後天中午十二點後收件。 • 若是當日交貨便，今天上午十一點前寄出，可於當天晚上七點後收件，且週日不配送。 • 離島寄送，今天下午五點前寄出，可於第三天至第八天中午十二點後收件。	今天下午五點前寄出，可於後天中午十二點後收件。
運費價格比較	低。		中。	高。
付費方式選擇	寄件人須先付運費，才能寄送包裹。		可選擇寄件人先付運費再寄送，或由收件人取貨付款。	寄件人須先付運費，才能寄送包裹。

　　在了解三種方案的差異後，若直播主決定使用 7-Eleven 交貨便寄送商品給消費者，則須完成以下流程。

STEP 01　寄件人先決定使用哪種交貨便方案，並包裝貨品，再與取件人約定好指定的取貨門市。

STEP 02　寄件人列印交貨便服務單。其中，輸入寄件資料及取得交貨便服務單的方法，可參考以下表格整理。

取得交貨便 服務單的方法	詳細流程	參考 頁數
操作 ibon 機台	在 ibon 機台輸入資料，並直接列印交貨便服務單。	P.192
操作交貨便 網頁	• 方法一：在交貨便網頁輸入資料，並直接從網頁列印 　　　　　交貨便服務單。 • 方法二：先在交貨便網頁輸入資料，再直接取得服務 　　　　　代碼，並到 ibon 機台列印交貨便服務單。 • 方法三：先在交貨便網頁輸入資料，再將資料傳送至 　　　　　OPEN POINT 的 APP 上，以取得服務代碼或 　　　　　QRcode，並到 ibon 機台列印交貨便服務單。	P.193
操作 OPEN POINT APP	先在 OPEN POINT APP 註冊帳號及輸入資料，再取得服 務代碼或 QRcode，並到 ibon 機台列印交貨便服務單。	P.202

STEP 03　寄件人向超商門市店員，索取「交貨便服務單專用袋」，並將列印出的交貨便服務單裝入袋中，再自行黏貼於已包裝完成的貨品上。

STEP 04　寄件人將黏貼好交貨便服務單的包裹，交給超商門市店員，並根據方案決定是否須先支付寄件費用。

STEP 05　超商門市店員將貨品交給物流司機，以進行物流配送。

STEP 06　貨品送達指定門市後，會以簡訊提醒收件人取貨，而收件人須出示「與貨品上收件人姓名相符且有照片之身分證明文件正本」並簽名，才可以取貨，完成 7-Eleven 交貨便的寄送流程。

操作 ibon 機台的詳細流程

01 進入 7-Eleven 門市，找到 ibon 機台。

02 點選「購物／寄貨」。

03 點選「交貨便」。

04 點選「寄件」。

05 點選「ibon 寄件」。

06 點選「立即寄件」。

07 輸入包裹價值。

08 輸入寄件人姓名。

09 輸入寄件人手機號碼。

10 輸入收件人姓名。

11 輸入收件人手機號碼。

12 選擇收件的縣市、鄉鎮區、街道及門市。

13 確認門市。

14 輸入資料確認。

15 閱讀服務須知，並按下「同意」。

16 確認明細。

17 勾選確認明細資料。

18 等候列印寄件資料，並至櫃檯領取「交貨便服務單專用袋」。

階段 01　選擇交貨便方案、輸入包裹價值或匯款資訊

01

開啟 Chrome 瀏覽器，輸入「7-11 交貨便」並搜尋。

02

點選「我要寄件」。

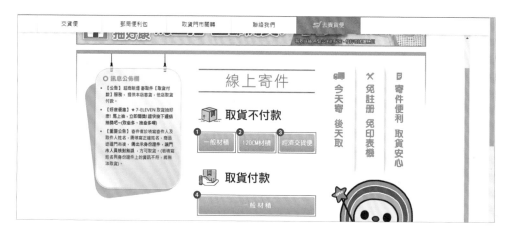

03

進入線上寄件的頁面，可點選取貨不付款的「一般材積」、「120CM材積」、「經濟交貨便」，或取貨付款的「一般材積」。

❶ Method01 點選取貨不付款的「一般材積」。（註：步驟請參考 P.194。）

❷ Method02 點選「120CM材積」。（註：步驟請參考 P.195。）

❸ Method03 點選「經濟交貨便」。（註：步驟請參考 P.196。）

❹ Method04 點選取貨付款的「一般材積」。（註：步驟請參考 P.197。）

METHOD 01 點選取貨不付款的「一般材積」

M101

點選取貨不付款的「一般材積」。

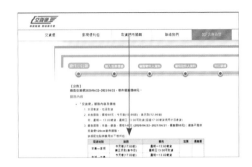

M102

進入寄件小叮嚀頁面，並往下滑動頁面。

M103

點選「我已了解並同意」。

M104

進入輸入包裹價值頁面，可以點選「請選擇」、輸入實際的包裹價值，或點選「下一步」。

❶ 點選「請選擇」，會出現下拉選單。

❷ 輸入實際的包裹價值，可自行決定輸入的數字。

❸ 點選「下一步」，進入步驟 4 的填寫寄件人資料頁面。（註：步驟請參考 P.198。）

點選「120CM材積」

M201

點選「120CM材積」。

M202

進入寄件小叮嚀頁面,並往下滑動頁面。

M203

點選「我已了解並同意」。

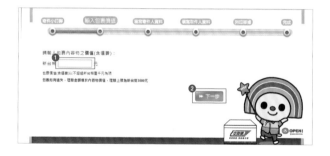

M204

進入輸入包裹價值頁面,可輸入實際的包裹價值,或點選「下一步」。

❶ 輸入實際的包裹價值,可自行決定輸入的數字。

❷ 點選「下一步」,進入步驟4的填寫寄件人資料頁面。
（註:步驟請參考 P.198。）

METHOD 03 點選「經濟交貨便」

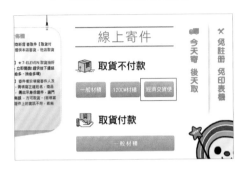

M301

點選「經濟交貨便」。

M302

進入寄件小叮嚀頁面，並往下滑動頁面。

M303

點選「我已了解並同意」。

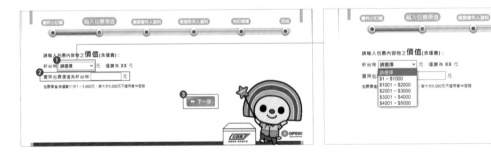

M304

進入輸入包裹價值頁面，可以點選「請選擇」、輸入實際的包裹價值，或點選「下一步」。

❶ 點選「請選擇」，會出現下拉選單。

❷ 輸入實際的包裹價值，可自行決定輸入的數字。

❸ 點選「下一步」，進入步驟 4 的填寫寄件人資料頁面。（註：步驟請參考 P.198。）

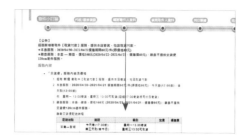

M401

點選取貨付款的「一般材積」。

M402

進入寄件小叮嚀頁面，並往下滑動頁面。

M403

點選「我已了解並同意」。

M404

進入輸入包裹價值頁面，可輸入實際的包裹價值，或點選「下一步」。

❶ 輸入實際的包裹價值，可自行決定輸入的數字。

❷ 輸入收款銀行帳戶的名稱。

❸ 點選下拉選單，可選擇收款的金融機構。

❹ 點選下拉選單，可選擇收款的金融機構分行。

❺ 輸入收款銀行帳號。

❻ 點選「下一步」，進入步驟 4 的填寫寄件人資料頁面。（註：步驟請參考 P.198。）

階段 02 輸入寄件人資訊及選擇門市

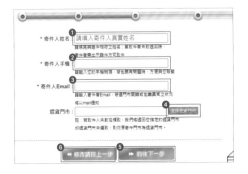

04

進入填寫寄件人資料的頁面，可輸入姓名、手機、Email、點選「選擇退貨門市」、「前往下一步」或「修改請按上一步」。

❶ 可輸入寄件人的真實姓名。

❷ 可輸入寄件人的手機號碼。

❸ 可輸入寄件人的 Email。

❹ 點選「選擇退貨門市」，進入步驟 5。

❺ 點選「前往下一步」，跳至填寫收件人資料的頁面。（註：步驟請參考 P.199。）

❻ 點選「修改請按上一步」，可回到上一頁。

05

跳出選擇門市的視窗，可點選「街道名稱」、「門市名稱」或「門市店號」。

7-11 交貨便
網頁選擇門市
教學停格動畫
QRcode

階段 03 確認門市

06

點選「門市確認」。

07

點選「同意」。

08

點選「確認」，可回到步驟 9 的填寫寄件人資料的頁面。

階段 04 填寫收件人資料及列印單據

09

完成退貨門市的選擇後，可點選「前往下一步」，進入填寫收件人資料的頁面。

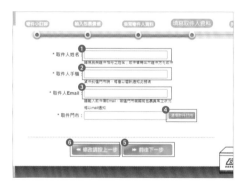

10

進入填寫收件人資料的頁面，可輸入姓名、手機、Email、點選「選擇去取件門市」、「前往下一步」或「修改請按上一步」。

❶ 可輸入收件人的真實姓名。

❷ 可輸入收件人的手機號碼。

❸ 可輸入收件人的 Email。

❹ 點選「選擇取件門市」。（註：選擇門市及確認門市的步驟，請參考 P.198。）

❺ 點選「前往下一步」，進入列印單據頁面。

❻ 點選「修改請按上一步」，可回到步驟 9 的填寫寄件人資料的頁面。

11

進入確認資料的頁面，可點選「馬上列印／7-ELEVEN ibon 列印」或「修改請按上一步」。

❶ 點選「馬上列印／7-ELEVEN ibon 列印」，可進入列印交貨便服務單的頁面。

❷ 點選「修改請按上一步」，可回到步驟 10 的收件人資料的頁面。

12

進入列印交貨便服務單的頁面，取得交貨便代碼，可點選「顯示交貨便服務單」、「下次再列印」或「傳送到 OPEN POINT APP 列印」。

❶ Method01 點選「顯示交貨便服務單」。

❷ Method02 點選「下次再列印」。

❸ Method03 點選「傳送到 OPEN POINT APP 列印」。

❹ 為交貨便代碼。（註：前往 ibon 機台輸入代碼，即可列印服務單。）

METHOD **01** 點選「顯示交貨便服務單」

M101

點選「顯示交貨便服務單」。

M102

跳出交貨便服務單的頁面，完成取得交貨便服務單的流程。（註：可直接從網路列印服務單。）

M201

點選「下次再列印」。

M202

進入 ibon 列印說明的頁面，直接取得一組交貨便服務代碼，完成取得交貨便服務單的流程。（註：前往 ibon 機台輸入代碼，即可列印服務單。）

METHOD 03　點選「傳送到 OPEN POINT APP 列印」

M301

點選「傳送到 OPEN POINT APP 列印」。

M302

跳出小視窗，點選「開始驗證」。

M303

進入 OPEN POINT 的認證頁面，輸入手機號碼、密碼及驗證碼。

（註：須先下載 APP，並註冊過 OPEN POINT APP 的帳號。）

OPEN POINT
網頁註冊帳號
教學停格動畫
QRcode

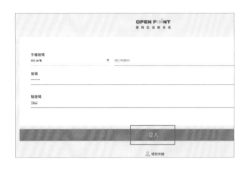

M304

點選「登入」。

M305

跳出新視窗，寄送資料已傳送至 APP，再點選「確認」，完成取得交貨便服務單的流程。（註：前往 ibon 機台輸入 APP 中的代碼或掃描 QRcode，即可列印服務單。）

操作 OPEN POINT APP 的詳細流程

階段 01 登入帳號並填寫寄件資料

01

點選「OPEN POINT」
APP。

02

進入 APP 的介面，輸入手機號碼。
（註：須先註冊帳號。）

OPEN POINT APP 註冊帳號教學
停格動畫 QRcode

03

輸入密碼。

04

輸入驗證碼,並點選
「登入」。

05

點選「寄件」。

06

點選「寄件」。

07

點選「交貨便」。

08

可輸入寄件人姓名或
手機號碼。

❶ 可輸入寄件人姓名。

❷ 可輸入寄件人手機
   號碼。

09

點選「商品價值」。

10

出現選單，選擇商品價值。（註：此處以 $1 ～ $1000 為例。）

11

點選「完成」。

12

可輸入收件人姓名或手機號碼。

❶ 可輸入收件人姓名。

❷ 可輸入收件人手機號碼。

13

點選「選擇取貨門市」。

14

跳出選擇門市的視窗，可點選「街道名稱」、「門市名稱」或「門市店號」。

OPEN POINT APP 交貨便選擇門市
教學停格動畫 QRcode

階段 02　確認門市

15

點選「確定門市」。

16

點選「同意」。

17

點選「確定門市」。

階段 03　確認資料及列印單據

18

點選「送出」。

19

點選「查看繳費明細」。

20

進入代辦繳費的頁面，可點選「顯示 ibon 登入 QRcode」或「交貨便」。

❶ 點選「交貨便」，請進入步驟 21。

❷ 點選「顯示 ibon 登入 QRcode」，請跳至步驟 22。

21

點選「交貨便」，即可取得寄件服務代碼，或可點選「顯示 ibon 登入 QRcode」。

❶ 取得寄件服務代碼，即可至 ibon 機台輸入代碼，並列印服務單。

❷ 若點選「顯示 ibon 登入 QRcode」，請進入步驟 22。

22

取得 ibon 登入 QRcode，即可至 ibon 機台掃描 QRcode，並列印服務單。

◆ 全家店到店

　　全家店到店的寄送服務，可根據運費的高低及付費對象，區分為三種方案，分別是由寄件人負擔運費的一般寄件、Fami 小物袋，以及可由收件人負擔運費的取貨付款寄件。關於三種方案的詳細資訊比較，請參考以下表格的整理。

全家店到店的三種方案		
（最新細項資訊或優惠訊息，請以全家官方網站公布的資訊為準。）		
	Fami 小物袋	一般寄件	取貨付款寄件
包裝規定	限使用超商販賣的包裝袋。	• 可使用超商販賣的紙箱，也可使用自備的包裝袋、紙箱。 • 若是使用自備的包裝袋、紙箱，則最長邊不可超過 45cm、且包裹的長、寬、高合計長度不可超過 105cm。	
重量規定	每件包裹的重量，最多不可超過 5 kg。		
超商販賣的包裹尺寸	23×32cm。	• 小紙箱為 25×18×12cm。 • 中紙箱為 32×25×16cm。 • 大紙箱為 40×30×20cm。	
超商販賣的包裹價格比較	低。	高。	
寄送範圍	本島及離島皆可寄送。		
運費價格比較	低。	中。	高。

運送時長	• 若是一般店到店寄送服務，本島內寄送，今天寄出，可於後天收件。 • 離島寄送，因受天候因素影響較大，故不保證到貨時效，以實際配送為準。	• 若是一般店到店寄送服務，本島內寄送，今天寄出，可於後天收件。 • 若是台北市的當日店到店寄送服務，今天下午三點前寄出，可於當天晚上十一點前收件。 • 離島寄送，因受天候因素影響較大，故不保證到貨時效，以實際配送為準。	• 若是一般店到店寄送服務，本島內寄送，今天寄出，可於後天收件。 • 離島寄送，因受天候因素影響較大，故不保證到貨時效，以實際配送為準。
付費方式選擇	寄件人須先付運費，才能寄送包裹。		可選擇寄件人先付運費，或由收件人取貨付款。

　　在了解三種方案的差異後，若直播主決定使用全家店到店服務，寄送商品給消費者，則須完成以下流程。

STEP 01　寄件人先決定使用哪種店到店寄送方案，並包裝貨品，再與取件人約定好指定的取貨門市。

STEP 02　寄件人列印寄件單。其中，輸入寄件資料及取得寄件單的方法，可參考以下表格整理。

取得交貨便 服務單的方法	詳細流程	參考 頁數
操作 FamiPort 機台	在 FamiPort 機台輸入資料，並直接列印寄件單。	P.210
操作 FamiPort 網頁	• 方法一：在全家官方網頁輸入資料，並直接從網頁列印 　　　　　寄件單。 • 方法二：先在全家官方網頁輸入資料，再直接取得服務 　　　　　代碼，並到 FamiPort 機台列印寄件單。 • 方法三：先在全家官方網頁輸入資料，再將資料傳送至 　　　　　FamilyMart 的 APP 上，以取得服務代碼，並到 　　　　　FamiPort 機台列印寄件單。	P.212
操作 FamilyMart APP	先在 FamilyMart 註冊帳號及輸入資料，再取得服務代碼及 QRcode，並到 FamiPort 機台列印寄件單。	P.223

STEP 03　寄件人可向超商門市店員，索取「寄件單專用袋」，並將列印出的交貨便服務單裝入袋中，再自行黏貼於已包裝完成貨品上；若門市不提供專用袋，則可直接用膠帶黏貼。

STEP 04　寄件人將黏貼好寄件單的包裹，交給超商門市店員，並根據方案決定是否須支付寄件費用。

STEP 05　超商門市店員將貨品交給物流司機，以進行物流配送。

STEP 06　貨品送達指定門市後，會以簡訊提醒收件人取貨，而收件人須出示「與貨品上收件人姓名相符且有照片之身分證明文件正本」並簽名，才可以取貨，完成全家店到店的寄送流程。

操作一般寄件的 FamiPort 機台的詳細流程

01 進入任一間全家門市，找到 FamiPort 機台。

02 從首頁點選「服務寄件」的「店到店」。

03 點選「店到店」。

04 點選「全家店到店寄件」。

05 點選「寄件」。

06 點選「一般寄件」。

07 閱讀寄件小叮嚀後，點選「確認」。

08 閱讀寄件條款，並勾選「已詳細閱讀條款」，再按「同意」。

09 輸入寄件人姓名。

10 輸入寄件人手機號碼。

11 輸入收件人姓名。

12 輸入收件人手機號碼。

13 選擇收件的門市，並點選「確認」。

14 確認門市後，點選「確認」。

15 確認寄件資訊無誤後，點選「列印繳費單」。

16 等候列印寄件資料，並至櫃檯領取「寄件單專用袋」。

操作取貨付款寄件的 FamiPort 機台的詳細流程

01 進入任一間全家門市，找到 FamiPort 機台。

02 從首頁點選「服務寄件」的「店到店」。

03 點選「店到店」。

04 點選「全家店到店寄件」。

05 點選「寄件」。

06 點選「取貨付款寄件」。

07 閱讀寄件小叮嚀後，點選「確認」。

08 閱讀寄件條款，並勾選「已詳細閱讀條款」，再按「同意」。

09 輸入寄件人的姓名及手機號碼，並點選「確認」。

10 輸入寄件人的銀行戶名、收款金融機構及收款銀行帳號，並點選「確認」。

11 選擇收款金融機構及分行，並點選「確認」。

12 輸入收件人的姓名及手機號碼，並點選「確認」。

13 選擇販售商品類別及收款金額。

14 選擇收件的門市，並點選「確認」。

15 確認寄件資訊無誤後，點選「列印繳費單」。

16 等候列印寄件資料，並至櫃檯領取「寄件單專用袋」。

操作 FamiPort 網頁的詳細流程

01

開啟 Chrome 瀏覽器，輸入「全家 FamiPort」並搜尋。

02

點選「寄件」。

03

進入線上寄件的頁面，點選「登入全家 會員使用店到店服務」。

04

跳出登入／註冊的頁面，輸入手機號碼。

05

輸入手機號碼後，會出現其他欄位，可輸 入密碼、驗證碼，以及點選「忘記密碼」 或「送出」。

❶ 可輸入密碼。（註：須先註冊全家會員帳 號，註冊教學請參考 P.235。）

❷ 可輸入驗證碼。

❸ 點選「忘記密碼」，可進入修改密碼的 頁面。

❹ 點選「送出」，進入下一步驟。

06

進入 FamiPort 寄件小叮嚀頁面，可點選「一般寄件」、「取貨付款寄件」或「FAMI 小物袋寄件」。

❶ Method01 點選「一般寄件」。（註：步驟請參考 P.213。）

❷ Method02 點選「取貨付款寄件」。（註：步驟請參考 P.216。）

❸ Method03 點選「FAMI 小物袋寄件」。（註：步驟請參考 P.220。）

METHOD 01　點選「一般寄件」

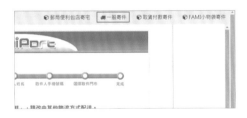

M101

點選「一般寄件」。（註：此頁預設即為
一般寄件頁面。）

M102

將頁面往下拉。

M103

點選「下一步」。

M104

進入填寫寄件人姓名的頁面，可輸入姓名、點選「上一步」或「下一步」。

❶ 可輸入寄件人姓名。

❷ 點選「上一步」，回到步驟 M103。

❸ 點選「下一步」，進入步驟 M105。

M105

進入填寫寄件人手機號碼的頁面，可輸入手機號碼、點選「上一步」或「下一步」。

❶ 可輸入寄件人手機號碼。（註：此處會預設會員帳號登入時的手機號碼。）

❷ 點選「上一步」，回到步驟 M104。

❸ 點選「下一步」，進入步驟 M106。

M106

進入填寫收件人姓名的頁面，可輸入姓名、點選「上一步」或「下一步」。

❶ 可輸入收件人姓名。

❷ 點選「上一步」，回到步驟 M105。

❸ 點選「下一步」，進入步驟 M107。

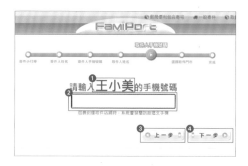

M107

進入填寫收件人手機號碼的頁面，可輸入手機號碼、點選「上一步」或「下一步」。

❶ 此處會顯示收件人姓名。

❷ 可輸入收件人手機號碼。

❸ 點選「上一步」，回到步驟 M106。

❹ 點選「下一步」，進入步驟 M108。

M108

跳出選擇收件門市的視窗，可點選「街道查詢」、「店名查詢」或「店號查詢」。

全家店到店網頁選擇門市
教學停格動畫 QRcode

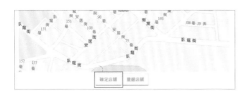

M109

點選「確定店鋪」。

M110

進入輸入驗證碼的頁面，可輸入驗證碼或點選「確定」。

❶ 可輸入驗證碼。

❷ 點選「確定」，進入步驟 M111。

M111

進入完成頁面，可取得編號及手機號碼，或點選「按這裡列印寄件單」。

❶ 此處會顯示編號及手機號碼。（註：前往 FamiPort 機台輸入編號及手機號碼，即可列印寄件單。）

❷ 點選「按這裡列印寄件單」，進入步驟 M112。

M112

進入列印寄件單頁面，完成取得寄件單的流程。（註：可直接從網路列印寄件單。）

METHOD 02 點選「取貨付款寄件」

M201

點選「取貨付款寄件」。

M202

進入取貨付款寄件的頁面，並將頁面往下拉。

M203

勾選「同意」，並點選「下一步。」

M204

進入填寫寄件人資訊的頁面，可輸入寄件人手機號碼、姓名、點選「上一頁」或「下一頁」。

❶ 可輸入寄件人手機號碼。

❷ 可輸入寄件人姓名。

❸ 點選「上一頁」，可回到步驟 M203。

❹ 點選「下一頁」，進入步驟 M205。

M205

進入填寫寄件人收款資訊的頁面，可輸入銀行帳戶名、收款金融機構、機構分行、銀行帳號、身分證字號／統一編號／居留證號碼，或點選「上一頁」、「下一頁」。

❶ 可輸入收款銀行帳戶名。

❷ 可點選下拉選單的選項，選擇收款金融機構。

❸ 可點選下拉選單的選項，選擇收款金融機構分行。

❹ 可輸入收款銀行帳號。

❺ 可輸入收款帳號之身分證字號／統一編號／居留證號碼，三者擇一填寫。

❻ 點選「上一頁」，可回到步驟 M204。

❼ 點選「下一頁」，進入步驟 M206。

M206

進入填寫收件人資訊的頁面，可輸入姓名、手機號碼，或點選「上一頁」、「下一頁」。

❶ 可輸入收件人姓名。

❷ 可輸入收件人手機號碼。

❸ 點選「上一頁」，可回到步驟 M205。

❹ 點選「下一頁」，進入步驟 M207。

M207

進入填寫收件付款金額的頁面，可選擇販售商品類別、輸入商品價格，或點選「上一頁」、「下一頁」。

❶ 可點選下拉選單的選項，選擇販售商品類別。

❷ 可輸入商品價格。

❸ 點選「上一頁」，可回到步驟 M206。

❹ 點選「下一頁」，進入步驟 M208。

M208

跳出選擇收件門市的視窗，可點選「街道查詢」、「店名查詢」或「店號查詢」，選定門市後，進入步驟 M209。

（註：全家店到店網頁，選擇門市教學，請參考 P.215。）

M209

點選「確定店鋪」。

M210

完成收件門市選擇後，進入輸入驗證碼的頁面，可輸入驗證碼，或點選「上一頁」、「下一頁」。

❶ 可輸入驗證碼。

❷ 點選「上一頁」，可回到步驟 M207。

❸ 點選「下一頁」，進入步驟 M211。

M211

進入完成頁面，可取得編號及手機號碼，或點選「按這裡列印寄件單」。

❶ 此處會顯示編號及手機號碼。（註：前往 FamiPort 機台輸入編號及手機號碼，即可列印寄件單。）

❷ 點選「按這裡列印寄件單」，進入步驟 M212。

M212

進入列印寄件單頁面，完成取得寄件單的流程。（註：可直接從網路列印寄件單。）

METHOD 03 點選「FAMI 小物袋寄件」

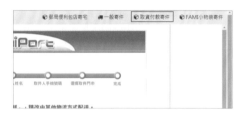

M301

點選「FAMI 小物袋寄件」。

M302

進入取貨付款寄件的頁面，並將頁面往下拉。

M303

勾選「同意」，並點選「下一步。」

M304

進入填寫寄件人資訊的頁面，可輸入手機號碼、姓名、Fami 小物袋的序號，或點選「上一頁」、「下一頁」。

❶ 可輸入寄件人手機號碼。

❷ 可輸入寄件人姓名。

❸ 可輸入 Fami 小物袋正面條碼的序號。（註：須先至門市購買 Fami 小物袋。）

❹ 點選「上一頁」，可回到步驟 M303。

❺ 點選「下一頁」，進入步驟 M305。

M305

進入填寫收件人資訊的頁面，可輸入姓名、手機號碼，或點選「上一頁」、「下一頁」。

❶ 可輸入收件人姓名。

❷ 可輸入收件人手機號碼。

❸ 點選「上一頁」，可回到步驟 M304。

❹ 點選「下一頁」，進入步驟 M306。

M306

跳出選擇收件門市的視窗，可點選「街道查詢」、「店名查詢」或「店號查詢」，選定門市後進入步驟 M307。（註：全家店到店網頁，選擇門市教學，請參考 P.215。）

M307

點選「確定店鋪」。

M308

進入完成頁面，可取得編號及手機號碼，或點選「按這裡列印寄件單」。

❶ 此處會顯示編號及手機號碼。（註：前往 FamiPort 機台輸入編號及手機號碼，即可列印寄件單。）

❷ 點選「按這裡列印寄件單」，進入步驟 M309。

M309

進入列印寄件單頁面，完成取得寄件單的流程。

（註：可直接從網路列印寄件單。）

操作 FamivMart APP 的詳細流程

01

點選「全家便利商店」
APP。

02

進入 APP 的介面,點
選「包裹」。

03

進入會員登入/註冊
頁面,輸入手機號碼。
(註:須先註冊帳號,
註冊教學請參考 P.240。)

04

跳出其他欄位,可輸入
密碼、驗證碼,或點選
「送出」。

❶ 可輸入密碼。

❷ 可輸入驗證碼。

❸ 點選「送出」,進入
步驟 5。

05

點選「三」。

06

點選「店到店寄件」。

223

07

可輸入寄件人姓名、電話，或勾選「使用取貨付款寄件服務」。

❶ 可輸入寄件人姓名。

❷ 可輸入寄件人手機號碼。

❸ Method01 勾選「使用取貨付款寄件服務」。（註：步驟請參考 P.224。）

❹ Method02 不勾選「使用取貨付款寄件服務」，直接往下滑動頁面。（註：步驟請參考 P.227。）

METHOD 01　勾選「使用取貨付款寄件服務」

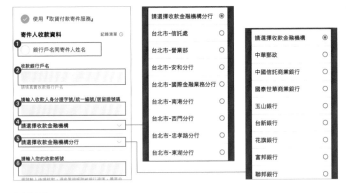

M101

勾選「使用取貨付款寄件服務」。

M102

可勾選「銀行戶名同寄件人姓名」、輸入收款銀行戶名、身分證字號／統一編號／居留證號碼、收款帳號，或從選單選擇收款金融機構、收款金融機構分行。

❶ 勾選「銀行戶名同寄件人姓名」，會自動在收款銀行帳戶名填入寄件人的姓名。

❷ 可輸入收款銀行戶名。

❸ 可輸入身分證字號／統一編號／居留證號碼，三者擇一輸入。

❹ 可點選「收款金融機構」，會出現選單。

❺ 可點選「收款金融機構分行」，會出現選單。

❻ 可輸入收款帳號。

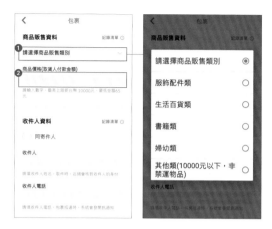

M103

將頁面往下滑後，可點選「請選擇商品販售類別」或輸入商品價格。

❶ 點選「請選擇商品販售類別」，會出現選單。

❷ 可輸入商品價格。

M104

將頁面往下滑後，可勾選「同寄件人」、可輸入收件人姓名及電話，或可點選「常用店鋪」、「選擇取貨店鋪」。

❶ 可勾選「同寄件人」，收件人會自動填入寄件人姓名。

❷ 可輸入收件人姓名。

❸ 可輸入收件人手機號碼。

❹ 可點選「常用店鋪」，將常用店鋪設定為收件門市。

❺ 可點選「選擇取貨店鋪」，進入步驟 M105。

M105

進入選擇取貨店的頁面，可點選「街道查詢」、「店名查詢」或「店號查詢」。

全家店到店
APP 選擇門市
教學停格動畫
QRcode

M106

點選「確定店鋪」。

M107

選完收件門市後，點選「確認」。

M108

選「前往繳費」。

M109

取得 QRcode，或可點選「∨」。

❶ 取得 QRcode。（註：前往 FamiPort 機台掃描 QRcode，即可列印寄件單。）

❷ 可點選「∨」，進入步驟 M110。

M110

點選「∨」後，可取得編號。（註：前往 FamiPort 機台輸入編號及手機號碼，即可列印寄件單。）

勾選「使用取貨付款寄件服務」

M201

不勾選「使用取貨付款寄件服務」，直接往下滑動頁面。

M202

將頁面往下滑後，可勾選「同寄件人」、可輸入收件人姓名及電話，或可點選「常用店鋪」、「選擇取貨店鋪」。

① 可勾選「同寄件人」，收件人會自動填入寄件人姓名。

② 可輸入收件人姓名。

③ 可輸入收件人手機號碼。

④ 可點選「常用店鋪」，將常用店鋪設定為收件門市。（註：全家店到店 APP，選擇門市教學請參考P.225。）

⑤ 可點選「選擇取貨店鋪」，進入步驟 M203。

M203

進入選擇取貨店的頁面，可點選「街道查詢」、「店名查詢」或「店號查詢」。

M204

選完收件門市後，點選「確認」。

M205

選「前往繳費」。

M206

取得 QRcode，或可點
選「∨」。

❶ 取得 QRcode。（註：
前往 FamiPort 機台掃描
QRcode，即可列印寄
件單。）

❷ 可點選「∨」，進入步
驟 M109。

M207

點選「∨」後，可取
得編號。（註：前往
FamiPort 機台輸入編號，
即可列印寄件單。）

 線上開店寄送服務

直播主若先在超商的網站先建立線上賣場，就可以自訂買家免運的門檻。
以下將介紹 7-Eleven 賣貨便及全家好賣＋寄送服務的詳細說明。

◆ 7-Eleven 賣貨便

7-Eleven 賣貨便的寄送服務，是先註冊會員，並在 7-Eleven 賣貨便建
立賣場及商品後，再將消費者須支付的運費設定為 0 元，即可讓消費者不
須額外負擔運費，而是使此筆運費成本，由賣家負責支付。

建立賣場及 零運費的設定方法	詳細流程	參考 頁數
操作 7-11 賣貨便網站	先在 7-11 賣貨便網站登入帳號，建立賣場並新增商品 後，再設定免運條件。	P.229
操作 OpenPoint APP	先在 OpenPoint APP 登入帳號，建立賣場並新增商品 後，再設定免運條件。	P.231

操作交貨賣網頁的詳細流程

階段 01　登入帳號

01

開啟 Chrome 瀏覽器，輸入「7-11 賣貨便」並搜尋。

02

點選「7-ELEVEN 賣貨便 - 交貨便」。

03

點選「登入」。

04

可點選「登入 OP 會員」、「Facebook 登入」或「LINE 登入」。（註：OPEN POINT 網頁，註冊帳號教學，請參考 P.201。）

階段 02　新增賣場及商品，自由設定運費

05

進入登入頁面，點選「賣場管理」。

06

點選「我的賣場」。

07

點選「全部賣場」。

08

點選「新增賣場」。

09

點選「快速結帳賣場」。

10

進入建立賣場的頁面，可勾選銷售期間、賣場屬性、買家限制或輸入賣場名稱。（註：若希望訂單數量最大化，建議點選「買家不需要是會員」。）

11

將頁面往下滑，可點選上傳圖片區、可輸入商品名稱、商品選項，或選擇商品狀態。

12

將頁面往下滑，可勾選配送及運費設定、付款方式設定，或點選「提交」。（註：可將固定運費設定為 0 元，由賣家自行負擔運費成本，使買家享有免費優惠。）

13

進入設定完成的頁面，賣場及商品已設定完成。

操作 OPEN POINT APP 的詳細流程

階段 01 登入帳號及進入賣貨便

01

點選「OPEN POINT」APP。

02

點選「寄件」。（註：須先登入會員，APP 註冊教學請參考 P.202。）

03

點選「賣貨便」。

階段 02　新增賣場及商品，自由設定運費

04

進入賣貨便頁面，點
選「三」。

05

點選「賣場管理」。

06

點選「新增賣場」。

07

點選「快速結帳賣場」。

08

進入新增快速結帳賣
場的頁面，可選擇銷
售期間、賣場屬性。

09

將頁面往下滑，可輸
入賣場名稱或點選買
家限制。

10

將頁面往下滑，可點
選上傳圖片區、可輸
入商品名稱。

11

將頁面往下滑，可輸入商品選項、選擇商品狀態或點選「繼續新增商品」。

12

將頁面往下滑，可勾選配送及運費設定、付款方式設定，或點選「題交」。

13

跳出小視窗，點選「確認」。

14

進入設定完成的頁面，賣場及商品已設定完成。

◆ 全家好賣＋

全家好賣＋的寄送服務，是先註冊會員，在全家好賣＋建立賣場及商品後，再將消費者須付的運費設定為 0 元，即可讓消費者不須額外負擔運費，而是使此筆運費成本，由賣家負責支付。

建立賣場及零運費的設定方法	詳細流程	參考頁數
操作好賣＋網站	先在好賣＋網站登入帳號，建立賣場並新增商品後，再設定免運條件。	P.234
操作好賣＋ APP	先在好賣＋ APP 登入帳號，建立賣場並新增商品後，再設定免運條件。	P.240

操作好賣＋網站的詳細流程

階段 01 登入帳號

01

開啟 Chrome 瀏覽器，輸入「全家好賣＋」並搜尋。

02

點選「好賣＋賣家專區」。

03

點選「註冊／登入」。

04

跳出註冊／登入頁面，輸入手機號碼。

05

輸入手機號碼後，會出現其他欄位，可輸入密碼、驗證碼，以及點選「忘記密碼」或「送出」。

全家會員網頁註冊帳號
教學停格動畫 QRcode

06

進入會員驗證的姓名、E-mail 或點選「確定」。

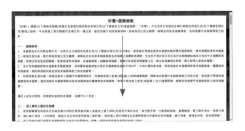

07

進入服務條款的頁面，並將頁面往下滑。

08

可勾選「我已詳細閱讀並同意服務條款」，或點選「確定」。

階段 02 填寫收款資訊及賣家資訊

09

點選「賣家專區」。

10

可輸入帳戶名稱、銀行開戶 ID、銀行帳號,或選擇收款金融機構、分行。

11

將頁面往下滑,可點選是否開啟信用卡服務,或點選「確定」。

12

跳出小視窗,點選「確定」。

13

點選「確定」。

14

出現服務條款視窗，可勾選「我已詳細閱讀並同意服務條款」，或點選「確定」。

15

進入賣家資料修改的頁面，可輸入姓名、email，或點選退件門市。

16

可點選是否要揭露賣場資訊，或點選「提交」。

17

跳出小視窗，點選「確定」。

階段 03 新增賣場及商品，自由設定運費

18

點選「新增賣場」。

19

可輸入賣場標題，或點選新增賣場圖片。

20

將頁面往下滑，可勾選付款方式、可設定運費及免運條件、可點選賣場狀態或是否能瀏覽其他賣場。

21

將頁面往下滑，點選「挑選賣場商品」。

22

點選「新增商品」。

23

跳出新增商品的頁面，可輸入商品名稱、上傳商品圖片、輸入商品描述或商品規格。

24

將頁面往下滑，可點選商品狀態、是否開啟立即下單功能、是否開啟瀏覽其他賣場功能、勾選付款方式或設定運費及免運條件。

25

可勾選商品要上架的賣場，或點選「提交」。

26

跳出小視窗，點選「確定」。

27

進入商品列表頁面，賣場及商品已設定
完成。

階段 01　登入帳號

01

下載並點選「好賣＋」
APP。

02

進入首頁，點選「商
品」。

03

進入登入／註冊的介
面，輸入手機號碼。
（註：此為已有帳號的
登入教學，若無帳號，
須先註冊帳號。）

04

跳出其他欄位，可輸
入密碼、驗證碼，或
點選「送出」。

全家會員 APP
註冊帳號教學
停格動畫 QRcode

階段 02 新增商品，自由設定運費

05

進入商品列表頁面，
點選「新增商品」。

06

進入新增商品頁面，
可輸入商品名稱、上
傳商品圖片。

07

將頁面往下滑，可輸
入商品描述或商品規
格。

08

將頁面往下滑，可點
選「增加商品規格」
或選擇商品狀態。

09

將頁面往下滑，可點
選是否開啟立即下單
功能、是否開啟瀏覽
其他賣場功能或付款
方式。

10

將頁面往下滑，可設
定運費及免運條件。

11

點選「提交」。

12

跳出小視窗,點選「確定」。

13

進入商品列表頁面,商品上架完成。

階段 03 新增賣場,自由設定運費

14

點選「賣場」。

15

進入賣場頁面,點選「新增賣場」。

16

跳出小視窗,點選「確定」。

17

進入編輯賣場頁面，
可輸入賣場標題。

18

將頁面往下滑，可上
傳賣場圖片或勾選付
款方式。

19

將頁面往下滑，可設
定運費及免運條件。

20

將頁面往下滑，可點
選賣場狀態或是否能
瀏覽其他賣場。

21

將頁面往下滑，點選
「挑選賣場商品」。

22

跳出視窗，可勾選想
在此賣場上架的商
品，或點選「確定新
增商品」。

23

點選「確定」。

24

將頁面往下滑，點選「提交」。

25

點選「確定」。

26

進入賣場頁面，賣場及商品已設定完成。

郵局

若直播主有直接將商品寄至消費者住處的需求,可以考慮透過郵局寄送商品。與便利商店的寄件服務相比,郵局能夠幫忙遞送體積更大、重量更重的包裹,且寄件範圍也比較沒有限制,台灣本島及離島地區都可以送達。

目前郵局有提供兩種寄件服務,包含與便利商店合作的店到宅寄送服務,以及一般包裹寄送服務,以下將詳細說明兩種服務的差異。

▶ COLUMN 01 店到宅寄送服務

店到宅寄送服務,就是可以讓寄件人從便利商店或郵局收件及付款,然後將包裹透過郵政物流的配送,以寄到收件者住處的寄送服務。目前有和郵局合作的便利商店,包含 7-11、全家及萊爾富。

若直播主想要使用店到宅的寄送服務,則須遵郵局對包裹的各項規定,例如:包裹的大小限制、重量限制等。店到宅的寄送服務,可根據包裹大小區分為兩種方案,分別是郵局便利包 1 號包,以及郵局便利包 2 號包。關於兩種店到宅方案的詳細資訊比較,請參考以下表格的整理。

郵局店到宅的兩種方案 (最新細項資訊或優惠訊息,請以中華郵政官方網站,或各超商官方網站公布的資訊為準。)		
	郵局便利包 1 號包	**郵局便利包 2 號包**
包裝規定	限使用郵局或超商(7-11、全家、萊爾富)販賣的包裝袋。	
重量規定	每件包裹的重量,最多不可超過 1 kg。	
包裹尺寸	16×28cm。	23×32cm。
包裹價格比較	低。	高。
寄送範圍	本島及離島皆可寄送。	

245

運送時長	約 3～5 個工作天，且例假日及國定假日不配送。	
運費價格比較	低。	高。
付費方式選擇	寄件人須付運費，才能寄送包裹。	

 一般包裹寄送服務

　　一般包裹寄送服務，就是單純寄件人透過郵局寄件、付費，將包裹寄至消費者住處的寄送服務。郵局提供的包裹配送方法有許多種，包含：國內包裹、郵局便利箱、郵局便利袋、郵局便利包等，以及寄送包裹兼代收款項等服務。

郵局一般包裹寄送服務 （最新細項資訊或優惠訊息，請以中華郵政官方網站，或各超商官方網站公布的資訊為準。）	
國內包裹	
包裝規定	• 可使用郵局販賣的包裝袋、紙箱，也可使用自備的包裝袋、紙箱。 • 若是使用自備的包裝袋、紙箱，則包裹的長、寬、高合計長度不可超過 150cm；且最小尺寸不得小於 14×9cm。另外，成捲的包裹長度及直徑之 2 倍，合計不得小於 17cm，其最大一面之尺寸不得小於 10cm。
包裹尺寸	• 方型大紙箱尺寸為 39×32×43cm。 • 方型中紙箱尺寸為 29×21×32cm。 • 方型小紙箱尺寸為 23×16×18cm。 • 扁型紙箱尺寸為 23×16×7cm。
包裹價格	低。

寄送範圍	本島及離島皆可寄送。
運送時長	約 3～5 個工作天，且週六、週日、國定假日及連續假日期間不配送。
運費價格	須額外支付運費。
付費方式選擇	可選擇寄件人先付運費再寄送，或由收件人取貨付款。

郵局一般包裹寄送服務

（最新細項資訊或優惠訊息，請以中華郵政官方網站，或各超商官方網站公布的資訊為準。）

	便利箱	便利袋	便利包
包裝規定	限使用郵局販賣的紙箱。	限使用郵局販賣的包裝袋。	
包裹尺寸	每件包裹的重量，最多不可超過 20kg。		每件包裹的重量，最多不可超過 1 kg。
包裹尺寸	• 長型便利箱尺寸為 31×22.8×10.3cm。 • 方型便利箱尺寸為 23×18×19cm。 • 90cm 便利箱尺寸為 39.5×27.5×23cm。 • 長柱型便利箱尺寸為 10×10×62.5cm。 • 小型便利箱尺寸為 23×14×13cm。	• 長型便利箱尺寸為 31×22.8×10.3cm。 • 方型便利箱尺寸為 23×18×19cm。 • 90cm 便利箱尺寸為 39.5×27.5×23cm。 • 長柱型便利箱尺寸為 10×10×62.5cm。 • 小型便利箱尺寸為 23×14×13cm。	• 1 號包尺寸為 16×28cm。 • 2 號包尺寸為 23×32cm。 • 3 號包尺寸為 28×38cm。

包裹價格比較	高。	中。	低。
寄送範圍	本島及離島皆可寄送。		
運送時長	約3～5個工作天，且週六、週日、國定假日及連續假日期間不配送。		
運費價格比較	不須額外付運費。		須額外付運費。
付費方式選擇	寄件人須付運費，才能寄送包裹。		

SECTION_023
貨運公司

　　若要寄送大型或較重的貨品，除了郵局以外，還可以考慮使用貨運公司的寄件服務。不同貨運公司的收費標準及包裹的尺寸、重量限制等，各有不同規範。

　　直播主須注意的是，不論決定選用哪一間貨運公司的寄件服務，最好能和貨運公司簽約，以取得最優惠的運費價格。

直播後，必須做的事

其他須知

OTHER NOTES

Article. Five

以下將說明吸引陌生合作廠商的方法，以及一些提供給直播新手的參考建議。

吸引陌生廠商合作的方法

透過發布直播後感謝文，展示拍賣成果，以吸引陌生廠商的合作邀約。

其他須知

01

02

給新手直播主的參考建議

包含發展路線及開直播的時段建議；且不建議囤貨，也不建議買留言機器人。

SECTION_01

吸引陌生廠商合作的方法

結束一場 Facebook 直播後，直播主可以在自己的粉絲專頁或個人帳號，發布搭配賣出許多商品的照片的感謝貼文，以感謝粉絲積極捧場外，還能同時宣傳自己直播的亮眼成果，達到吸引陌生廠商找自己合作的目的。

給新手直播主的參考建議

想嘗試在 Facebook 進行直播的新手，可參考以下建議，包含如何選擇直播路線、何時較適合開直播、應不應花錢購買新商品及自動留言機器人等詳細說明。

發展路線建議

可選擇個人帳號或社團，作為開始直播的起點。

不建議囤積貨品

囤積商品會有現金流週轉不靈的風險。

開直播的時段建議

應選較冷門的整點後15分或45分才開直播。

不建議買留言機器人

機器人的留言容易重複且制式化，對直播主幫助不大。

CLOUMN 01　發展路線建議

對 Facebook 直播主而言，盡可能衝高的觸及率是很重要的目標，所以會建議新手直播主選擇貼文平均觸及率較高的方式，開始經營直播。

不同方式的 Facebook 貼文觸及率比較表

（以下數值為浮動的參考值，實際數值會依據 Facebook 演算法的變化而更新。）

貼文發布來源	平均觸及率	如何觸及
個人帳號	10 〜 30%。	根據使用者的瀏覽習慣，決定貼文的觸及率。
粉絲專頁（有下廣告。）	≥20%。	根據付出的廣告費多寡，決定貼文的曝光量。
社團	3 〜 8%。	根據社團內成員的互動多寡，決定貼文的觸及率。
粉絲專頁（沒下廣告。）	0.02 〜 2%。	幾乎沒有自然觸及，只能依賴粉絲幫忙分享貼文。

　　由以上表格可知，撇除有下廣告的粉絲專頁選項，新手直播主較適合從個人帳號或社團，開始經營直播。

　　若新手打算從個人帳號開始經營直播，則建議直播主盡可能多加好友，因為好朋友通常會較願意配合自己，進行留言、分享等互動。到直播後期，再運用高人氣創立粉專，並透過原本的個人帳號及累積的鐵粉群組，將觀看流量導入粉絲專頁。

　　若新手打算從社團開始經營直播，則建議直播主先加入以買賣為主的社團，例如：黑白賣客，並在社團中積極認識他人、盡量多加好友，再持續把自己的直播規模做大，以及視個人需求決定是否要創立粉絲專頁。

CLOUMN 02 開直播的時段建議

新手在 Facebook 開直播時，建議避免在整點或整點半的時間點開始直播，例如：7 點、7 點半等，並選擇較冷門的時段，即整點後 15 分或 45 分的時間點，再開始直播。

因為當有多個直播主同時在 Facebook 開直播時，Facebook 系統會將觸及通知的資源，優先分配給較熱門的直播主，而整點或整點半是大多數直播主，會選擇開始直播的時間，所以對剛起步的直播新手而言，若選擇與其它直播主同時開直播，就會較難獲得觀眾的注意。

至於選擇在整點後 15 分或 45 分開始直播的原因，是 Facebook 系統通常會在直播主開直播後的 10 分鐘左右，完成自動通知觀眾的任務，所以從最常見的整點或整點半，再往後加上 15 分鐘，即可計算出 Facebook 通知系統較不忙碌的冷門時段。

新手直播主的開直播時機	
OK 時段	應選擇較冷門的時段，即整點後 15 分或 45 分，例如：7 點 15 分、7 點 45 分等。
NG 時段	不適合選擇熱門時段，即整點或整點半，例如：7 點整、7 點 30 分等。

CLOUMN 03 不建議囤積貨品

經營 Facebook 直播如同經營新創公司，新手一年內就放棄、陣亡的機率高達 90％，因此建議直播初期，不要為了直播而購置商品，而是先以代購、拍賣現有商品等方式開始做起，以免囤貨後遭遇銷售不如預期的困境，導致現金週轉不靈的狀況發生。

Facebook 直播初期的商品來源	
OK 做法	到特賣會現場幫客人代購、找認識的朋友合作賣貨等。
NG 做法	另花資金購置新商品。 （若直播主真的有購買新貨的需求，可以考慮從較容易成功退貨、取回現金的通路購買商品，例如：Costco 好市多。）

CLOUMN 04　不建議買留言機器人

在直播初期，若觀眾人數太少，可以考慮購買單純增加觀看人次的假觀眾；但若希望增加留言數量，不建議花錢購買自動留言的機器人。

◆ 容易被判定成垃圾留言，無法提高觸及

不建議購買留言機器人，是因為機器人的留言太制式化，而且經常重複。而重複的留言內容，對 Facebook 演算法而言，會較容易被認定是垃圾留言，而無法獲得提升直播觸及的效果。

◆ 容易被發現是假觀眾，影響直播主形象

另外，過於制式化的留言，和直播節目當下的播出內容可能毫不相關，會導致其他觀眾，很容易發現是機器人在留言，而引起其他觀眾不信任直播主的負面情緒。

因此，若新手直播主希望能衝高直播的留言數，寧可自己多設立幾個 Facebook 分身帳號進行留言，也不要花錢購買自動留言的機器人。關於「觀看人數太少，怎麼辦？」的詳細說明，請參考 P.138。

直播後，必須做的事

剖析其他直播的成功方程式，讓你事半功倍

ANALYZE THE SUCCESS FORMULA OF OTHER LIVE STREAMING BROADCASTS, SO YOU CAN DO MORE WITH LESS

Article. Six

以下為一位主要販賣自家純銀飾品的 Facebook 直播主的成功案例分析。

SECTION_01

用抽獎吸引觀眾分享直播

這位販售純銀飾品的直播主，會固定在螢幕畫面中，擺出每次要請觀眾刷留言的關鍵字，並以「這次直播分享次數超過 N 次，就來抽獎送飾品」的手法，吸引消費者努力衝高分享次數，甚至曾有消費者在留言區，表示自己一人分享到了 40 幾個不同的社團。

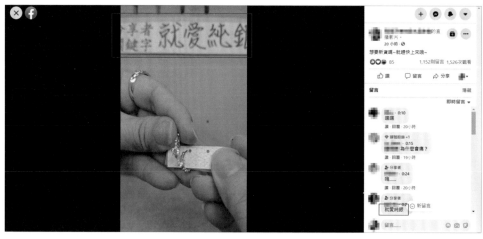

畫面中固定擺放請觀眾留言的關鍵字。

SECTION_02
回應觀眾時，會先唸名字再回答

　　這位直播主不論是在開始打招呼時，還是在介紹商品的過程中，只要是和觀眾互動，都會先唸一次觀眾的名字及留言內容，才開始回覆留言，藉此拉近與觀眾的距離，也可使被點名的觀眾更專心觀看直播。

SECTION_03
即時回覆觀眾的提問

　　在直播過程中，觀眾會拋出各式各樣的問題，例如：第一次下單的觀眾，可能會問下單後如何聯絡賣家；不曉得商品使用方法的人，可能會拜託直播主示範一次使用方式；不確定直播主有沒有要賣某款商品時，會在直播主介紹 A 商品時，突然尋問 B 商品的資訊等。

　　而直播主會在直播過程，隨時觀看留言並回覆提問，讓觀眾感到自己有被重視，增加直播主與觀眾的互動頻率。例如：告訴下單觀眾會在隔天私訊對方確認資訊；回覆詢問其他商品的觀眾，要稍等一下才會介紹等。

SECTION_04
在剛開直播時推出福利價，吸引觀眾下單

　　此位直播主在打招呼及呼籲觀眾留言分享後，第一項商品就採取薄利多銷的策略，例如：原本喊價 3 顆 100 元的純銀珠飾，變成限時特價 4 顆 100 元，以此衝高下單量，以及留言數量。

SECTION_05
快節奏介紹商品，吸引觀眾往下看

　　此位直播主換商品介紹的節奏明快，開直播不到 20 分鐘，就已經介紹了 3 種商品，以不斷引起觀眾的好奇心，願意持續往下觀看直播，而不會感到無趣，或想離開直播。

SECTION_06
使出場過的商品形成組合，增加購買意願

直播主可利用出場過的商品，形成商品組合的方式，以吸引觀眾加碼下單購買。例如：先介紹可串入鍊子的銀飾珠子，吸引觀眾下單後，再馬上接著介紹銀飾鍊子，並在畫面中將珠子及鍊子，串成一條項鍊或手鍊，向觀眾推薦鍊子和珠子的搭配組合，以提高已購買第一項珠子的消費者，再購買鍊子的吸引力。

SECTION_07
以實體店面及開店資歷，提升消費者信任

此直播主所經營的銀飾買賣，是有實體店面的，因此會在直播中向觀眾秀出實體店面的地址，並以自己經營超過 18 年，來向觀眾保證商品的好品質，以降低消費者對網路交易的不安全感，提升消費者對賣家的信任。

» 小梁對此銀飾直播主的了解及評價

此位直播主專精於販售純銀飾品，雖然線上人數沒有到非常高，但是觀眾都變成固定客戶，每一場營業額都非常穩定，回購率及平均購買金額也很高。

另外，老闆娘並沒有因為經營平穩而停止學習，而是不斷上課進修，將新方法運用在直播上，所以營業額還在穩定進步中。

最後，因為這間銀飾店家是大盤商轉型出來的直播廠商，所以也常常和其他直播主合作，讓其他粉絲專頁的直播主，來幫這間銀飾廠商，做開倉的銷售型直播。

05

進階運用
電腦串流直播運用

Advanced
Usage

Computer streaming application

什麼是電腦串流直播？

WHAT IS LIVE STREAMING?

運用電腦串流軟體進行直播，目前最常被使用的電腦串流軟體，是導播軟體 OBS（Open Broadcaster Software）。

使用串流軟體直播，不僅能在畫面上增加跑馬燈、商家 Logo 等效果，還能調整音質、設定訊號輸出的數值等，使直播的播放品質更流暢穩定，較不易出現畫面突然定格、聲音聽起來斷斷續續等問題。

	基本設備	常用軟體	裝置可外接的輔助設備
行動直播	行動裝置、行動電源、腳架、補光燈、行動網路。	Facebook。	麥克風、耳機、廣角鏡頭。
電腦串流直播	電腦、網路攝影機、有線網路。	OBS、無他伴侶、Facebook、Youtube。	麥克風、耳機、攝影機、行動裝置、音效卡。

進階運用，電腦串流直播運用

串流直播的基本設備建議

BASIC EQUIPMENTS RECOMMENDATIONS FOR LIVE STREAMING

Article. Two

SECTION_01

電腦

　　OBS 須安裝在電腦上使用，因此若要進行串流直播，必須準備一台電腦，作為能夠同步處理影像、音效、操作導播軟體，並應付即時傳輸訊號的導播機。

　　建議用於串流直播的電腦，須至少配備 i5 以上的 CPU、8G 以上的記憶體，以及具備獨立顯示卡，才有足夠的硬體效能，可以負荷串流直播的需求。若電腦的效能不足，就會影響直播的品質。

直播教戰祕笈 ★ LIVE SHOW TIPS ★

» 查看電腦 CPU 及記憶體的方法

01

點選「⌂」。

02

點選「電腦」。

03

將滑鼠移到「裝置與磁碟機」的
空白處，並按下滑鼠右鍵。

04

出現選單，點選「內容」。

05

跳出系統視窗，可知 CPU
及記憶體的規格。

❶ CPU 的規格。（註：此例
CPU 為 i7。）

❷ 記憶體的容量。（註：此
例記憶體為 8G。）

SECTION_02
網路攝影機

　　因電腦內建的鏡頭等級較差，所以若要使用電腦串流直播，建議另外架
設網路攝影機進行拍攝，以獲得較高品質的畫面。

　　中高階的網路攝影機，本身就具有麥克風收音的功能，因此直播主可選
擇不再配備麥克風，以省下購置設備的成本。

SECTION_03
有線網路

　　電腦串流直播須使用有線網路，較能保持直播品質的穩定，因此直播主
須準備一條網路線，以連上網路。

串流前，準備好所有素材

PREPARE ALL THE MATERIALS BEFORE STREAMING

Article. Three

電腦直播串流，可以讓直播主在開播前，在畫面上添加想要的跑馬燈、字卡、放置 Logo 圖片等，以及可設定不同場景的版面配置，並預設可隨時插入播放的影片、音樂或比價網頁視窗等。

因此，在串流直播前，直播主須在事前準備好所有要插入 OBS 場景畫面的素材，包含文字、圖片、影片、聲音、網頁視窗等。

準備插入 OBS的素材

文字
將想製作成跑馬燈或字卡的文字，先輸入在Word檔或記事本中，例如：下單規則。

圖片
將圖片素材，先拍攝或製作完成，例如：商家Logo、商品照片。

影片
將影片素材，先拍攝並後製完成，例如：商品試用影片。

聲音
將聲音素材，先蒐集並儲存起來，例如：背景音樂檔案。

網頁視窗
將網頁視窗，先開啟完成，例如：商品比價網頁。

SECTION_01
文字

　　直播主可先將想製作成跑馬燈或字卡的文字，例如：拍賣下單的規則、免運費的條件等，先輸入在 Word 檔或記事本中，等到須插入 OBS 時，就可以直接複製、貼上，以節省自己插入素材的時間。關於插入文字素材的詳細說明，請參考 P.291；關於製作文字跑馬燈的詳細說明，請參考 P.305。

SECTION_02
圖片

　　直播主可先將想要插入 OBS 的圖片素材，例如：圖片式的跑馬燈、商家 Logo、商品的照片等，事先拍攝或製作完成。OBS 可以接受 JPEG 及 PNG 的檔案，所以直播主可視個人需求選擇圖片的儲存格式。關於插入圖片素材的詳細說明，請參考 P.286；關於製作圖片跑馬燈的詳細說明，請參考 P.307。

SECTION_03
影片

　　直播主可先將想要插入 OBS 的影片素材，例如：預錄商品的使用效果影片，事先拍攝並後製完成。關於插入影片素材的詳細說明，請參考 P.288。

SECTION_04
聲音

　　直播主可先將想要插入 OBS 的聲音素材，例如：想要在直播中播放的背景音檔，事先蒐集並儲存起來。關於 Facebook 直播音樂的詳細說明，請參考 P.33。

SECTION_05
網頁視窗

　　直播主可先將想要插入 OBS 的網頁視窗，例如：同類商品的比價網頁或官網、用於播放音樂的網站等，事先開啟完成。關於插入視窗畫面的詳細說明，請參考 P.297。

OBS串流軟體下載及介面介紹

OBS Streaming Software Download and Interface Introduction

　　OBS 是一款可以免費下載、安裝及使用的電腦串流直播軟體，也可以用來單純錄製影片。以下將說明 OBS 串流軟體的下載、安裝步驟教學，以及初步介紹 OBS 的軟體介面。

SECTION_01
下載 OBS

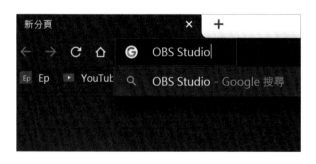

01

開啟 Chorme 瀏覽器，輸入「OBS Studio」，並搜尋。

02

點選「OBS：Open Broadcaster Software®」。

03

進入 OBS Studio 官網,點選「Windows」,
下載軟體。(註:須依照自己電腦的作業
系統選擇安裝的版本。)

04

OBS 下載完成。

SECTION_02

安裝並開啟 OBS

01

點選「 OBS-Studio-26.0.....exe ∧ 」。

02

跳出使用者帳戶控制的視窗,點選「是」。

03

出現OBS Studio的設定視窗,點選「Next」。

04

點選「Next」。

05

點選「Install」。

06

點選「Finish」。

07

跳出自動設定精靈的視窗,點選「下一步」。

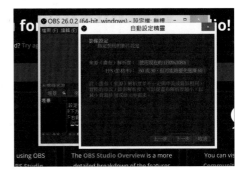

08

點選「下一步」。

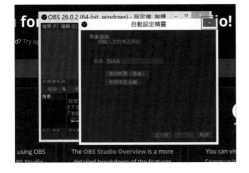

09

點選「×」。(註:因沒有立即要直播,
所以可先關閉設定串流的視窗。)

10

完成 OBS 安裝及開啟。

OBS 介面介紹

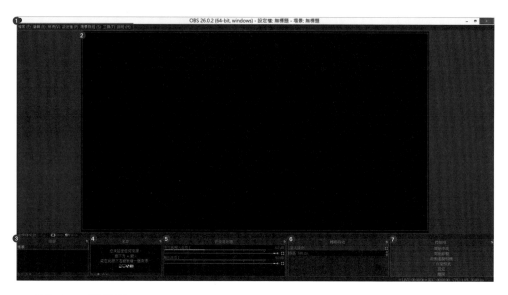

❶ 此為 OBS 選單列。

❷ 此為 OBS 的預覽畫面，為觀眾會看到的直播畫面呈現。

❸ 此為 OBS 的「場景」工作區，詳細介面說明請參考 P.267。

❹ 此為 OBS「來源」工作區，詳細介面說明請參考 P.267。

❺ 此為 OBS「音效混音器」工作區，詳細介面說明請參考 P.268。

❻ 此為 OBS 的「轉場特效」工作區，詳細介面說明請參考 P.268。

❼ 此為 OBS 的「控制項」工作區，詳細介面說明請參考 P.269。

▶ ▶ CLOUMN 01 「場景」工作區介面介紹

此工作區可建立或刪除直播的場景,而場景就是經過加工美化、配置過的直播畫面版型。

❶ ⊟：點選後,可使場景工作區的視窗,與 OBS 的視窗分離。

❷ 場景圖層:此為場景的圖層。(註:此處須至少存在一個圖層;圖層名稱可自行命名及修改。)

❸ ✚：點選後,可新增場景圖層。

❹ ━：點選後,可刪除選取的場景圖層。

❺ ︿：點選後,可將選取的場景圖層往上移動一層。

❻ ﹀：點選後,可將選取的場景圖層往下移動一層。

▶ ▶ CLOUMN 02 「來源」工作區介面介紹

此工作區可以匯入不同類型的素材,例如:文字、圖片、影片等,以在直播畫面上插入並編輯、排版素材。

❶ ⊟：點選後,可使場景工作區的視窗,與 OBS 的視窗分離。

❷ ✚：點選後,可新增場景圖層。

❸ ━：點選後,可刪除選取的場景圖層。

❹ ✿：點選後,會跳出選取圖層的屬性設定視窗。

❺ ︿：點選後,可將選取的場景圖層往上移動一層。

❻ ﹀：點選後,可將選取的場景圖層往下移動一層。

「音效混音器」工作區介面介紹

音效混音器工作區可以調整輸入及輸出的聲音大小，以及其他關於聲音的進階設定。

其中，輸入的聲音是指麥克風或音效卡等，從外部收進直播的音源；而輸出的聲音是指串流直播出去，讓觀眾聽見的聲音。

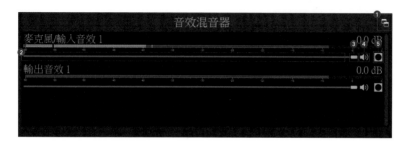

❶ ⊟：點選後，可使音效混音器工作區的視窗，與 OBS 的視窗分離。

❷ 音量顯示條：可即時顯示音量大小，綠色區域為合理音量、黃色區域為音量稍微過大，而紅色區域是音量過大。

❸ 音量調節橫桿：可左右拖曳橫桿，以調節音量；往左為降低音量，往右提高音量。

❹ ◀)：點選後，可開啟聲音或改為靜音。

❺ ◻：點選後，會出現選單，可進行音效的其他設定，例如：重新命名、隱藏音效、變更左右聲道平衡等。

 「轉場特效」工作區介面介紹

轉場特效工作區可以設定不同場景間的轉場效果，以及轉場特效的時間長度等設定。

❶ ⊟：點選後，可使轉場特效工作區的視窗，與 OBS 的視窗分離。

❷ 轉場特效選單：可從選單中選擇或新增想要的轉場特效。

❸ ⬛：點選後，會出現選單，可進行轉場特效的其他設定，例如：重新命名、刪除、特效進場方向等。

❹ 轉場特效時長：可直接輸入數字，設定轉場特效的時間長度。

❺ ⋀：點選後，可增加轉場特效時長的時間。

❻ ⋁：點選後，可減少轉場特效時長的時間。

◤ 「控制項」工作區介面介紹
CLOUMN 05

控制項工作區可以進行 OBS 的基礎設定、選擇使用的模式，以及開始錄製影片或串流直播等。

❶ 🔳：點選後，可使控制項工作區的視窗，與 OBS 的視窗分離。

❷ 開始串流：當串流設定完成後，即可點選此按鈕，以將加工後的畫面串流至直播平台（串流開始≠開始正式直播）。

❸ 開始錄製：點選後，可開始錄製影片。

❹ 啟動虛擬相機：點選後，可將 OBS 的輸出畫面模擬成一台「虛擬相機」，讓其他軟體來使用。

❺ 工作室模式：點選後，可將預覽畫面分割成兩個畫面，以進行其他場景的製作及調整。

❻ 設定：點選後，會跳出設定視窗，可進行 OBS 的基本功能設定，例如：選擇介面語言、連結串流平台、設定輸出訊號的數值等。

❼ 離開：點選後，會關閉 OBS 軟體。

OBS導播畫面配置建議

OBS Director Screen Configuration Suggestions

橫式畫面配置

當直播主所播出的畫面是橫式時，可參考以下畫面配置。

COLUMN 01　只有一個鏡頭畫面

在橫式畫面的狀態下，當直播主只使用一個攝影鏡頭，且同時要在直播畫面上放置 logo、副標題或文字跑馬燈時，可以將主畫面放在左側，而 logo、副標題或文字跑馬燈放在右側。

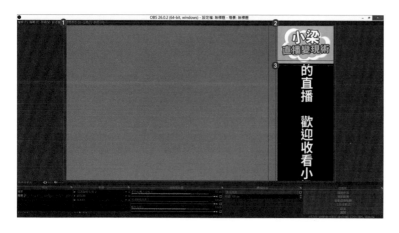

❶ 主畫面。

❷ 商家 Logo。

❸ 直式文字跑馬燈。

 同時有主畫面及特寫畫面

在橫式畫面的狀態下，當直播主共使用兩個攝影鏡頭，且同時要在直播畫面上放置 logo 時，可以將主畫面放在左側，而 logo 及特寫畫面放在右側。

❶ 主畫面。

❷ 商家 Logo。

❸ 特寫畫面（副畫面）。

SECTION_02
直式畫面配置

當直播主所播出的畫面是直式時，可參考以下畫面配置。

只有一個鏡頭畫面

在直式畫面的狀態下，當直播主只使用一個攝影鏡頭，且同時要在直播畫面上放置 logo、副標題或文字跑馬燈時，可以將主畫面放最大，而 logo 放在右上角，副標題或文字跑馬燈可放在右側或下側。

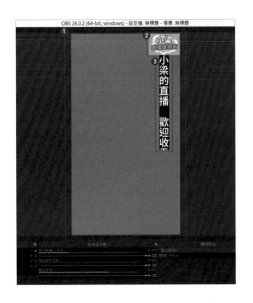

❶ 主畫面。

❶ 主畫面。

❷ 商家 Logo。

❷ 商家 Logo。

❸ 直式文字跑馬燈。

❸ 橫式文字跑馬燈。

同時有主畫面及特寫畫面

CLOUMN 02

在直式畫面的狀態下，當直播主共使用兩個攝影鏡頭時，建議將主畫面放在上側，而特寫畫面放在下側。

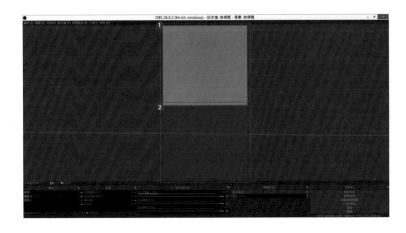

❶ 主畫面。

❷ 特寫畫面（副畫面）。

OBS 功能教學

OBS FUNCTION TEACHING

SECTION_01

「控制項」工作區的詳細教學

設定

CLOUMN 01

◆ OBS 介面語言設定

　　有時直播主下載、安裝完 OBS 後，會發現軟體介面是英文版，此時只要進入「設定」中的「一般」視窗，即可把介面改成繁體中文版。

01

點選「設定」。

02

跳出設定的視窗，點選「一般」。（註：預設選項是「一般」。）

273

03

點選「語言」的選單，從
中選擇「繁體中文」。

04

點選「確定」，完成介面
語言的設定。

◆ 串流 Facebook 直播

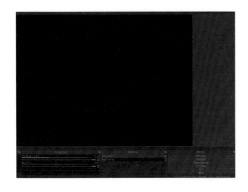

01

點選「設定」。

02

跳出設定的視窗，點選「串流」。（註：
預設選項是「一般」。）

03

點選「服務」的選單中選擇「自訂」。

04

出現可輸入伺服器及串流金鑰的欄位。

05

另外開啟網頁視窗，登入 Facebook 帳號，點選「直播視訊」。

06

進入設定直播的頁面，點選「使用串流金鑰」。

07

出現可複製的伺服器網址及串流金鑰。

08

將步驟 7 的伺服器網址及串流金鑰，分別複製並貼上在 OBS 的伺服器及串流金鑰的欄位。

09

點選「確定」。

10

點選「開始串流」,完成直播畫面串流
至 Facebook 平台。(註:完成串流只是
將 OBS 和 Facebook 進行連結,並不等於
開始直播;若要開始直播,須在 Facebook
設定直播的頁面,點選「開始直播」。)

◆ **輸出訊號數值設定**

01

點選「設定」。

02

跳出設定的視窗,點選「輸出」。(註:
預設選項是「一般」。)

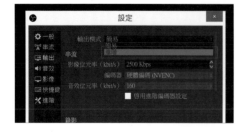

03

點選「輸出模式」的選單,從中選擇「進
階」。

04

點選「編碼器」的選單,從中選擇
「NVIDIA NVENC H.264(new)」。(註:
預設選項是「x264」。)

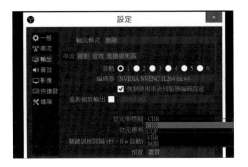

05

點選「位元率控制」的選單，從中選擇
「CBR」。（註：預設選項是「CBR」。）

06

將位元速率的數值，改成 600Kpbs。（註：
預設選項是「2500Kpbs」；建議 Kpbs 設定
在 300～600。）

07

點選「音效」。

08

將音效位元率維持預設的 160。（註：
預設選項是 160。）

09

點選「確定」，完成輸出訊號數值的設定。

◆ 音效設定

01

點選「設定」。

02

跳出設定的視窗，點選「音效」。（註：預設選項是「一般」。）

03

點選「桌面音效」的選單，從中選擇「Speakers」。

04

點選「確定」，完成音效設定。（註：由視窗畫面可知，OBS 最多可連接 4 支麥克風。）

◆ 畫面比例設定

01

點選「設定」。

02

跳出設定的視窗，點選「影像」。（註：預設選項是「一般」。）

03

可在「來源（畫布）解析度」的欄位，輸入適合的數值。

❶ Method01 輸入 1080×1920（直式）。

（註：步驟請參考 P.279。）

❷ Method02 輸入 1920×1080（橫式）。

（註：步驟請參考 P.280。）

❸ Method03 輸入 900×900（正方形）。

（註：步驟請參考 P.280。）

METHOD 01 輸入1080×1920

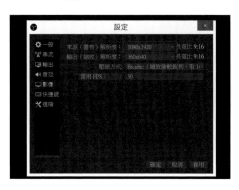

M101

假設觀眾是以手機直式擺放的方式觀看直播，則建議解析度設定為1080×1920。

M102

點選「確定」。

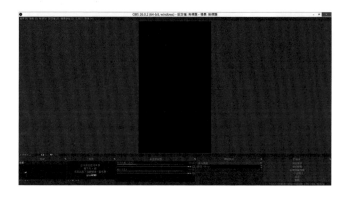

M103

回到 OBS 介面，完成來源畫面解析度設定。

M201

假設觀眾是以手機橫式擺放的方式觀看直播，則建議解析度設定為1920×1080。

M202

點選「確定」。

M203

回到 OBS 介面，完成來源畫面解析度設定。

M301

假設觀眾同時有以電腦及手機觀看直播時，則建議解析度設定為 900×900。

M302

點選「確定」。

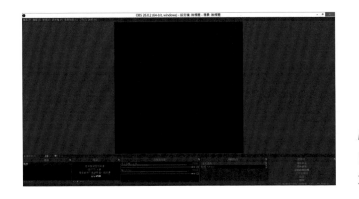

M303

回到 OBS 介面，完成來
源畫面解析度設定。

◆ 自訂快捷鍵

01

點選「設定」。

02

跳出設定的視窗，點選「快捷鍵」。
（註：預設選項是「一般」。）

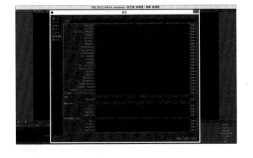

03

將設定視窗放大，可在任何欄位輸入自
己想設定的快捷鍵。（註：舉例來說，
若想將鍵盤上的 O 鍵，設定為某項功能的
快捷鍵，則在對應的欄位輸入「O」即可。）

04

點選「確定」，完成自訂快捷鍵的設定。

工作室模式

01

建立第一個場景。（註：插
入圖片的步驟請參考 P.286。）

02

建立第二個場景。（註：新
增場景請參考 P.267；插入圖
片的步驟請參考 P.286。）

03

點選「工作室模式」。
（註：須至少建立兩個以上
的場景，才能使用工作室模
式，進行轉場。）

04

進入工作室模式，再點選
「場景 2」圖層。（註：此
時左側畫面為可編輯的預備
播出畫面，右側畫面為正在
播出的畫面。）

05

設置完預備播出畫面後，可選擇想要的轉場效果。

❶ Method01 點選「轉場特效」。（註：步驟請參考 P.284。）

❷ Method02 點選「直接轉場」。（註：步驟請參考 P.284。）

❸ Method03 點選「淡入淡出」。（註：步驟請參考 P.285。）

❹ Method04 點選「淡出至黑色畫面」。（註：步驟請參考 P.285。）

❺ Method05 手動操作橫向拉桿。（註：步驟請參考 P.286。）

M101

點選「轉場特效」。（註：轉場特效代表使用下方轉場特效所設定的轉場模式。）

M102

左右場景互換，完成轉場。
（註：此處轉場特效以淡入
淡出為例；淡入淡出的效果
是原本的場景慢慢淡出，同
時新場景慢慢淡入。）

METHOD 02　點選「直接轉場」

M201

點選「直接轉場」。

M202

左右場景互換，完成轉場。
（註：直接轉場無任何特效，
只是將兩側場景直接互換。）

M301
點選「淡入淡出」。

M302
左右場景互換，完成轉場。
（註：淡入淡出的效果是原
本的場景慢慢淡出，同時新
場景慢慢淡入。）

METHOD 04　點選「淡出至黑色畫面」

M401
點選「淡出至黑色畫面」。

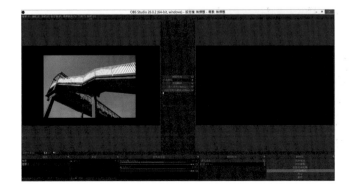

M402
左右場景互換，完成轉場。
（註：淡出至黑色畫面的效
果是原本的場景慢慢淡出，
使畫面慢慢變成黑色。）

M501
手動往右操作橫向拉桿。

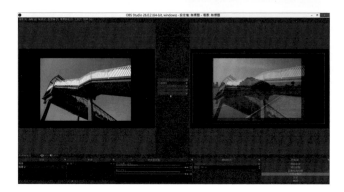

M502
左右場景互換，完成轉場。
（註：隨著拉桿越往右移，
原本的畫面就會慢慢淡出，
且新畫面會慢慢淡入。）

SECTION_02
「來源」工作區的詳細教學

CLOUMN 01
插入素材

◆ 插入圖片

01
點選來源的「＋」。

02

出現選單，點選「圖片」。

03

跳出建立的視窗，可輸入圖層名稱。

04

點選「確定」。

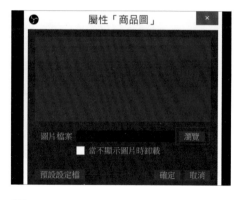

05

跳出屬性的視窗，點選「瀏覽」。

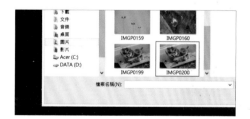

06

點選想要插入 OBS 的圖片。

07

點選「開啟」。

08

勾選「當不顯示圖片時卸載」。

09

點選「確定」。

10

完成圖片素材插入。（註：
若要縮放素材，步驟請參考
P.301。）

◆ 插入影片

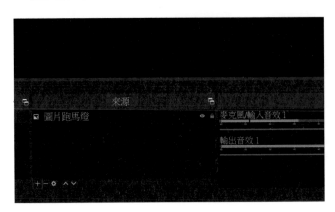

01

點選來源的「＋」。

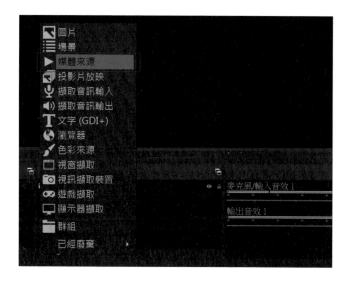

02

出現選單，點選「媒體來源」。

03

跳出建立的視窗，可輸入圖層名稱。

04

點選「確定」。

05

跳出屬性的視窗，點選「瀏覽」。

06

點選想要插入 OBS 的影片。

07

點選「開啟」。

08

勾選「非使用狀態時關閉檔案」。（註：
勾選此選項，以避免影片畫面隱藏後，仍
有聲音干擾。）

09

點選「確定」。

10

完成影片素材插入。（註：若要縮放影片，步驟請參考 P.301。）

◆ 插入文字

01

點選來源的「＋」。

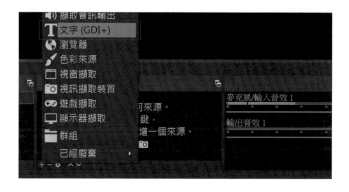

02

出現選單，點選「文字」。

03

跳出建立的視窗，可輸入圖層名稱。

04

點選「確定」。

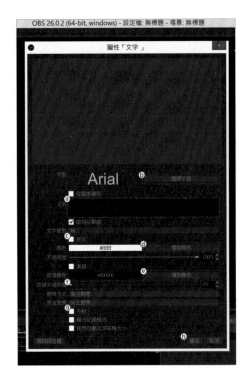

05

跳出屬性的視窗，可輸入文字、選擇字型、勾選垂直、改變文字顏色、改變背景顏色及透明度、勾選文字外框，或點選「確定」。

ⓐ 可輸入文字。

ⓑ 點選「選擇字型」，可選擇想要的字型及字體大小。（註：步驟請參考 P.293。）

ⓒ 勾選垂直，可使文字從橫式變成直式。

ⓓ 點選「選取顏色」，可改變文字顏色。（註：步驟請參考 P.294。）

ⓔ 點選背景顏色的「選取顏色」，可改變文字的背景顏色。（註：步驟請參考 P.294。）

ⓕ 移動背景不透明度的拉桿，可改變文字的背景透明度。（註：步驟請參考 P.295。）

ⓖ 勾選「外框」，可增加文字的外框。（註：步驟請參考 P.295。）

ⓗ 點選「確定」，進入步驟 6。

b01

先輸入文字，再點選「選擇字型」。（註：此以輸入「歡迎來看小梁的直播」為例。）

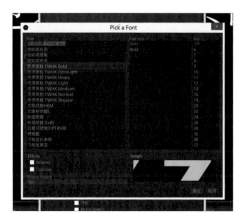

b02

跳出選擇字型的視窗，點選自己想要的字型。（註：此以思源黑體為例。）

b03

在「Size」輸入想要的字體大小。

b04

點選「確定」。

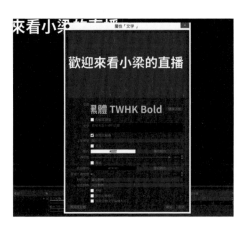

b05

回到屬性視窗，字型設定完成。

d 點選「選取顏色」

d01

點選「選取顏色」。

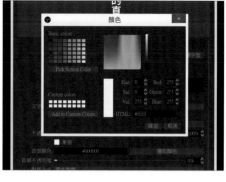

d02

跳出顏色的視窗，點選想要的顏色。（註：
此以淺黃色為例。）

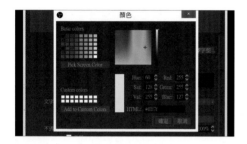

d03

點選「確定」。

d04

回到屬性視窗，文字顏色設定完成。

e 點選背景顏色的「選取顏色」

e01

點選背景顏色的「選取顏色」。

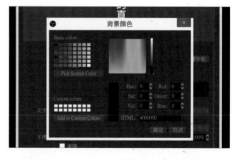

e02

跳出背景顏色的視窗，點選想要的顏色。
（註：此以淺藍色為例。）

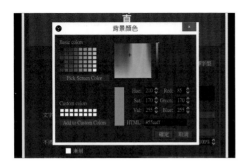

e03

點選「確定」。

e04

回到屬性視窗，文字的背景顏色設定完成。

f 移動背景不透明度的拉桿

f01

將背景不透明度的拉桿往右移動。（註：
預設的不透明度為 0%。）

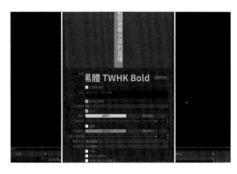

f02

將不透明度調整為 100%，即出現文字
的背景顏色。

g 勾選「外框」

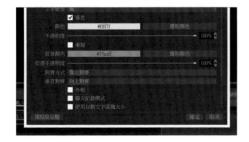

g01

勾選「外框」。

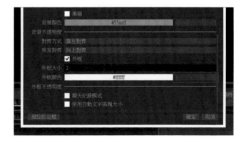

g02

點選「▬▬▬▬▬」。

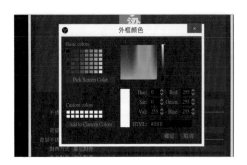

g03

跳出外框顏色的視窗，點選想要的顏色。
（註：此以黑色為例。）

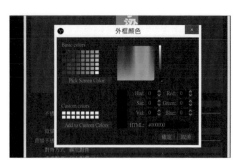

g04

點選「確定」。

g05

回到屬性視窗，文字的外框顏色設定完
成。

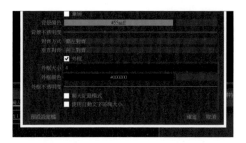

g06

可在外框大小輸入想要的數字，以調整
外框的粗細。

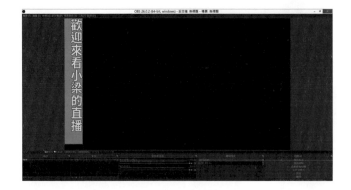

06

完成文字素材插入。（註：
若要縮放文字，步驟請參考
P.301。）

◆ 插入視窗畫面

01

先開啟想要插入 OBS 的視
窗畫面。（註：此以網頁視窗
為例；不可使視窗最小化。）

02

點選來源的「+」。

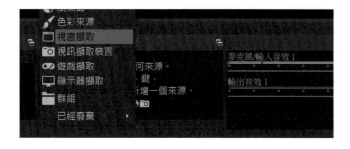

03

出現選單，點選「視窗擷
取」。

04

跳出建立的視窗，可輸入圖層名稱。

05

點選「確定」。

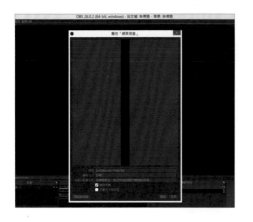

06

跳出屬性的視窗，點選視窗的欄位。

07

出現選單，點選想要插入 OBS 的視窗。

08

點選「確定」。

09

完成視窗畫面插入。（註：若要縮放視窗畫面，步驟請參考 P.301。）

◆ 插入視訊畫面

01

點選來源的「＋」。

02

出現選單，點選「視訊擷取裝置」。

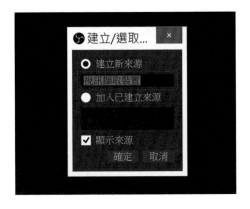

03

跳出建立的視窗，可輸入圖層名稱。

04

點選「確定」。

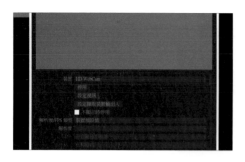

05

跳出屬性的視窗，點選裝置的欄位。

06

出現選單，想要插入 OBS 的視訊鏡頭。

07

點選「設定視訊」。

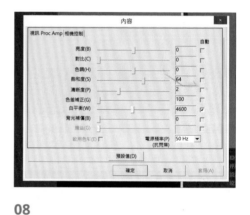

08

出現內容視窗，可調整相機的設定。

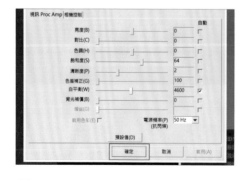

09

點選「確定」。

10

勾選「不顯示時停用」。

11

點選「確定」。

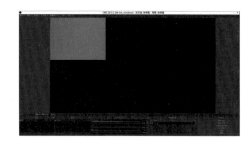

12

完成視訊畫面插入。（註：若要縮放視訊畫面，步驟請參考 P.301。）

 等比例縮放素材

01

在 OBS 插入素材。（註：此處以影片為例；插入影片的步驟請參考 P.288。）

02

將滑鼠移到影片四角落的任一個紅色方塊上，使滑鼠標變成雙箭頭。

03

以雙箭頭拖拉紅色方塊後，即可等比例放大或縮小影片。（註：此處示範縮小影片。）

裁切素材

01

在 OBS 插入素材。（註：此處以影片為例；插入影片的步驟請參考 P.288。）

02

將滑鼠移到影片四邊的任一個紅色方塊上，使滑鼠標變成雙箭頭。

03

按住鍵盤上的「Alt」鍵，並同時以箭頭拖拉紅色方塊，即可裁切影片。（註：經過裁切的邊框，顏色會由紅色變成綠色。）

04

重複步驟 3，將影片的四邊都裁切完成。

移動素材

01

選取一張已插入 OBS 的圖片。（註：插入圖片的步驟請參考 P.286。）

02

直接移動圖片到想要的位置，完成移動圖片。（註：移動時，滑鼠標會變成十字箭頭。）

01

選取一張已插入 OBS 的圖片。（註：插入圖片的步驟請參考 P.286。）

02

點選「👁」。

03

圖片隱藏完成。

04

點選「👁」。

05

圖片顯示完成。

鎖定或解鎖素材

01

選取一張已插入 OBS 的圖片。（註：插入圖片的步驟請參考 P.286。）

02

點選「🔒」。

03

圖片鎖定完成。（註：圖片不會出現被選取時的外框；鎖定素材的目的，是為了避免在編輯畫面時，不小心移動到不須移動的素材。）

04

點選「🔒」。

05

圖片解鎖完成。

製作跑馬燈

◆ 製作文字跑馬燈

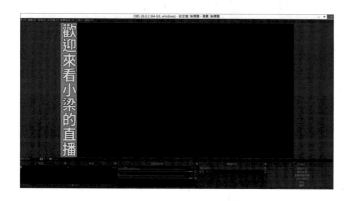

01

在 OBS 插入跑馬燈的文字素材。（註：插入文字的步驟請參考 P.291。）

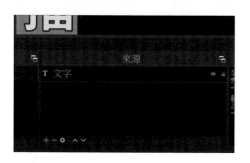

02

點選素材的圖層，並按滑鼠右鍵。

03

出現選單，點選「濾鏡」。

04

跳出濾鏡視窗，點選「＋」。

05

出現選單，點選「捲動」。

06

跳出濾鏡名稱視窗,可輸入名稱。

07

點選「確定」。

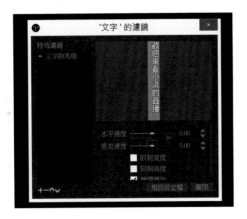
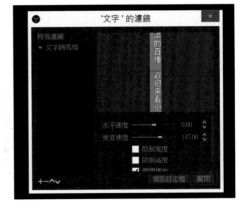

08

跳出濾鏡特效視窗,將「垂直速度」的拉桿往右移動。(註:若是製作橫式跑馬燈,須移動「水平速度」的拉桿。)

09

調整出適合的速度後,點選「關閉」。

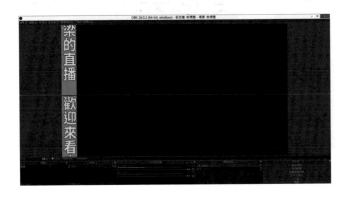

10

文字跑馬燈製作完成。

◆ 製作圖片跑馬燈

01

在 OBS 插入跑馬燈的圖片素材。（註：插入圖片的步驟請參考 P.286。）

02

點選素材的圖層，並按滑鼠右鍵。

03

出現選單，點選「濾鏡」。

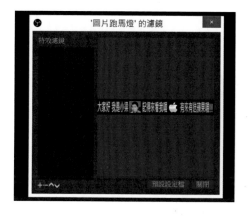

04

跳出濾鏡視窗，點選「＋」。

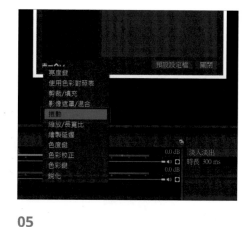

05

出現選單，點選「捲動」。

06

跳出濾鏡名稱視窗，可輸入名稱。

07

點選「確定」。

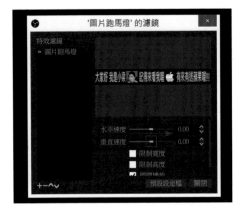

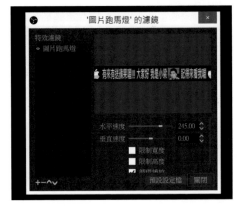

08

跳出濾鏡特效視窗，將「水平速度」的
拉桿往右移動。（註：若是製作直式跑馬
燈，須移動「垂直速度」的拉桿。）

09

調整出適合的速度後，點選「關閉」。

10

圖片跑馬燈製作完成。

變圖層的順序

◆ 將圖層往上移

01
在 OBS 中插入兩個素材。
（註：插入素材的步驟請參
考 P.286。）

02
點選下方的圖層。

03
點選「∧」。

04
圖層往上移動一層完成。

◆ 將圖層往下移

01

在OBS中插入兩個素材。
（註：插入素材的步驟請參
考 P.286。）

02

點選上方的圖層。

03

點選「∨」。

04

圖層往下移動一層完成。

進階運用，電腦串流直播運用

在 OBS 中導入手機畫面及開啟美肌功能

IMPORT THE PHONE SCREEN AND ENABLE THE BEAUTY FUNCTION IN OBS

Article. Seven

　　無他伴侶及無他相機，分別是一款電腦軟體及一款手機 APP，只要將兩者分別下載至手機及電腦中，並用手機原廠傳輸線連結電腦及手機，就能將手機拍攝的畫面導入 OBS 的直播場景中，甚至利用無他相機 APP，在 OBS 中開啟美肌的功能。

SECTION_01
無他伴侶下載及安裝

CLOUMN 01　**無他伴侶下載**

01

開啟 Chrome 瀏覽器，輸入「無他伴侶」，並搜尋。

02

點選「无他相机怎么拍都好看」。

03

進入網頁，點選「下載无他伴侶」。

04

頁面自動往下滑，點選「PC 端下載」。

05

出現「  」，完成軟體下載。

無他伴侶安裝

　　無他伴侶的軟體介面語言是簡體中文，所以安裝時出現的視窗，會顯示成亂碼，但不影響安裝及使用。

01

點選「 wuta_vcam_insta....exe 」。

02

出現視窗，點選「 居該忱※勁碗瘟祇祜§萬腔朮遴(A) 」。

03

點選「 狟珆綮(N) > 」。

04

點選「 狟珆綮(N) > 」。

05

點選「 侤偝(F) 」。

06

出現無他伴侶的頁面，完成軟體安裝。

無他相機下載

01

點選「Play 商店」。

02

在搜尋列輸入「無他
相機」。

03

點選「搜尋」。

04

點選「安裝」。

05

點選「開啟」。

06

開啟無他相機 APP，
點選「同意」。

07

跳出小視窗，點選
「一鍵開啟」。

08

跳出小視窗，點選
「允許」。

09

跳出小視窗，點選
「允許」。

10

進入無他相機介面，
完成 APP 安裝。

將手機畫面導入電腦螢幕

Android 手機教學

階段 01 先開啟手機的「USB 偵錯」功能

01

將手機頁面往下滑。

02

點選「⚙」。

03

進入設定頁面，將手機頁面往上滑。

04

點選「開發人員選項」。（註：若沒有看見此選項，則先多次點擊「關於」後，「開發人員選項」就會出現。）

05

進入開發人員選項頁面，點選「USB 偵錯」。

06

跳出小視窗，點選「確定」。

階段 02　連接手機與電腦

07

「USB 偵錯」點選完成，此時以手機原廠線，將手機與安裝無他伴侶的電腦連接起來。

08

跳出小視窗，點選「確定」。

09

跳出小視窗，點選「是」。

階段 03　開啟無他相機 APP

10

點選「無他相機」。

11

進入首頁，點選「直播助手」。

12

進入登入頁面，點選「同意我們的用戶協議、隱私政策」。

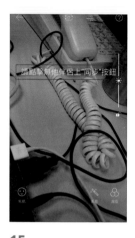

13

點選「Facebook」。

14

進入直播助手頁面，點選虛擬攝像頭的「開始直播」。

15

進入開直播的畫面，接著要開啟無他伴侶。

階段 04 開啟無他伴侶，進行串聯

01

在電腦點選「挎坻圈舊」。（註：此軟體是簡體字，所以會顯示成亂碼，但不影響使用。）

02

開啟無他伴侶，點選「我用安卓手机」。

03

無他伴侶視窗左下角，可點選想要連線
的手機。（註：若電腦無法偵測到手機，
可點選「C」重新整理。）

04

點選「点击同步」。

05

點選「我知道了」。

06

完成將手機畫面導入電腦螢幕。（註：
若想將畫面改成橫式，可取消勾選「竖屏模
式」。）

階段 01 開啟無他相機 APP

03

點選「同意我們的用戶協議、隱私政策」。

04

點選「微信」。

01

點選「無他相機」。

02

點選「直播助手」。

05

點選「同意」。

06

點選虛擬攝像頭的「開始直播」。

07

進入開直播的畫面，接著要開啟無他伴侶。（註：此時請以手機原廠線，連接手機及電腦。）

階段 02 開啟無他伴侶，進行串聯

08

在電腦點選「拵坻圈舊」。（註：此軟體是簡體字，所以會顯示成亂碼，但不影響使用。）

09

點選「我用 iPhone 手机」。

10

點選「下載 iTunes」。（註：電腦須先安裝iTunes，才能使 iPhone 與無他伴侶串聯。）

11

點選「執行」。

12

點選「下一步」。

13

點選「安裝」。

14

點選「完成」。

15

點選「是」，電腦重新啟動。

16

重複步驟 8-9，以原廠手機線連接 iPhone，並重新再點選「我知道了」。

17

在手機上，點選「允許」。

18

在手機上，點選「信任」。

19

點選手機裝置。（註：若電腦無法偵測到手機，可點選「↻」重新整理。）

20

點選「点击同步」。

21

點選「我知道了」。

22

完成將手機畫面導入電腦螢幕。（註：
若想將畫面改成橫式，可取消勾選「竖屏模
式」。）

SECTION_03
將無他伴侶畫面導入 OBS 場景

01

點選「OBS Studio」，開
啟 OBS。

02

點選來源的「+」。

03

出現選單，點選「視訊擷取裝置」。

04

跳出建立的視窗，點選「確定」。

05

點選「確定」。

06

出現選單，點選「无他伴侣（竖屏）」。
（註：須先以無他伴侶連接手機畫面。）

07

點選「不顯示時停用」。

08

點選「確定」。

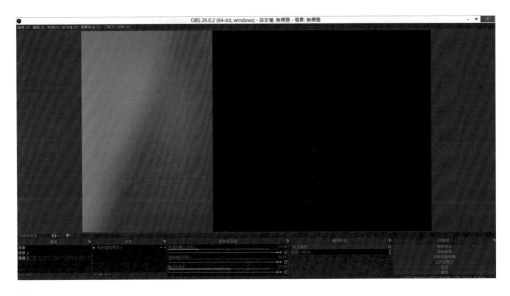

09

將無他伴侶畫面導入 OBS 場景完成。

用無他伴侶在 OBS 開雙畫面

01

將無他伴侶的畫面導入 OBS 後，再次
點選來源的「＋」。（註：將無他伴侶畫
面導入 OBS 場景的步驟，請參考 P.323。）

02

出現選單，點選「視訊擷取裝置」。

03

跳出建立的視窗，點選「確定」。

04

跳出屬性的視窗，點選裝置的欄位。

05

出現選單，點選「HD WebCam」。

06

點選「不顯示時停用」。

07

點選「確定」。

08

在 OBS 場景中插入雙畫面完成。

用無他伴侶在 OBS 開美肌功能

01

將無他伴侶畫面導入 OBS 場景。（註：將無他伴侶畫面導入 OBS 場景的步驟，請參考 P.323。）

02

直接操作手機上的無他相機，可點選「貼紙」、「美顏」或「濾鏡」，在畫面上增加美肌功能或其他特效。

ⓐ 點選「貼紙」。

ⓑ 點選「美顏」。

ⓒ 點選「濾鏡」。

ⓐ 點選「貼紙」

a01

點選「貼紙」。

a02

出現貼紙選項，點選後可增加直播的背景特效。

b 點選「美顏」

b01

點選「美顏」。

b02

出現膚質、臉型、美顏、美妝選項,點選後
可改變人的膚質、臉型、五官、妝感等。

c 點選「濾鏡」

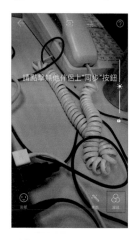

c02

出現不同的濾鏡選項,點選後可改
變畫面的色調。

c01

點選「濾鏡」。

Facebook的 Frame Studio特效框教學

FACEBOOK'S FRAME STUDIO SPECIAL EFFECTS FRAME TEACHING

Article. Eight

關於 Frame Studio 特效框的詳細教學，請參考小梁老師的線上教學課程。

SECTION_01
建立Frame Studio特效框

01

進入 Facebook 的 Frame Studio 教學
頁面，點選「開啟 Frame Studio」。

Frame Studio 教學頁面
QRcode

02

進入特效框頁面，點選「建立特效框」。

03

點選「開始使用」。

04

進入設計頁面，點選「Facebook 相機」。

05

可點選「上傳美工圖案」或「繼續」。

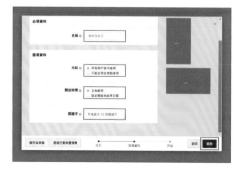

06

進入詳細資料頁面，可輸入特效框名稱、
使用地點、開放時間、關鍵字，以及點選
「繼續」。

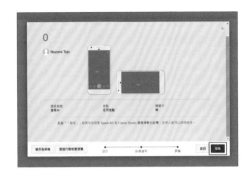

07

點選「發佈」。

08

點選「確定」。

09

點選「╳」。

10

特效框發佈完成。（註：Frame
Studio 所製作的相機特效框,只
能供手機版 Facebook 使用。）

直播變現
Live streaming into cash
零藏私揭密直播獲利的獨家心法

書　　名	直播變現： 零藏私揭密直播獲利的獨家心法
作　　者	小梁
發 行 人	程顯灝
總 企 劃	盧美娜
主　　編	譽緻國際美學企業社・莊旻嬪
助理文編	譽緻國際美學企業社・許雅容
美　　編	譽緻國際美學企業社・羅光宇
封面設計	洪瑞伯
藝文空間	三友藝文複合空間
地　　址	106 台北市安和路 2 段 213 號 9 樓
電　　話	（02）2377-1163
發 行 部	侯莉莉
出 版 者	四塊玉文創有限公司
總 代 理	三友圖書有限公司
地　　址	106 台北市安和路 2 段 213 號 4 樓
電　　話	（02）2377-4155
傳　　真	（02）2377-4355
E - m a i l	service @sanyau.com.tw
郵政劃撥	05844889 三友圖書有限公司
總 經 銷	大和書報圖書股份有限公司
地　　址	新北市新莊區五工五路 2 號
電　　話	（02）8990-2588
傳　　真	（02）2299-7900

初　　版　　2021 年 01 月
定　　價　　新臺幣 480 元
I S B N　　978-986-5510-48-0（平裝）

國家圖書館出版品預行編目（CIP）資料

直播變現：零藏私揭密直播獲利的獨家心法 / 小
梁作. -- 初版. -- 臺北市：四塊玉文創有限公司,
2020.01
　面；　公分
　ISBN 978-986-5510-48-0(平裝)

1.電子商務 2.網路行銷 3.網路社群

496　　　　　　　　　　　　109020272

http://www.ju-zi.com.tw
三友圖書
友直 友諒 友多聞

三友官網

三友 Line@